Centenary Collection by Yoko Saito

斉藤謠子の拼布
職人愛藏！
20th 世紀典藏精選布作
Collection.28

Centenary Collection by Yoko Saito

20th Anniversary

前言

選布是製作拼布相當重要的一環。20年前，在對我來說還沒有比較好用的布料花色的時代，承蒙廠商邀約，給了我設計原創布料的機會。最先浮現在腦中的就是我非常喜歡的古董拼布被。因為手邊有許多拼布書，於是拿著放大鏡細看照片中的布片，從中挑選出自己喜歡的花色，也參考了以前有關布料材質的資料等，彙整後推出了色彩或圖案合用於現代的「Centenary Collection」（世紀典藏）系列。

時光荏苒，此一系列至今已經邁入第20年。這段期間，我的喜好也逐漸改變，從美國鄉村風到著迷於北歐煙燻色彩，現在似乎又有了新的變化。唯一不變的是，選擇自己喜歡、鍾意的布料製作，我想是作拼布最重要的一點。

「布料」是可遇不可求的，同樣花色的布料未必隨時都有。本書作品使用的布料，幾乎都是2014年秋天發表的，能夠找到相同的布料是很棒的事，但如果找不到，也不必擔心，就像我之前細看古董拼布被的時候一樣，即使即只是小小一枚布片，也請靜心端詳，尋找相仿的布，如此一來，你的拼布世界將會更為寬廣！

齊藤謠子

目錄

1 大花單肩包

作法 p.066

在格紋先染布上裝飾貼布繡與刺繡，柔和的淡色系，給人優雅的印象。

以印象強烈的紅色表現星星圖案，穿插點綴的白色印花，顯得分外美麗。

放射狀的刺繡與貼布繡，讓藍色的星星更為立體，左右對稱的構圖，看起來就很清爽！

4

小鳥肩背包
作法 ⋯⋯⋯ p.072

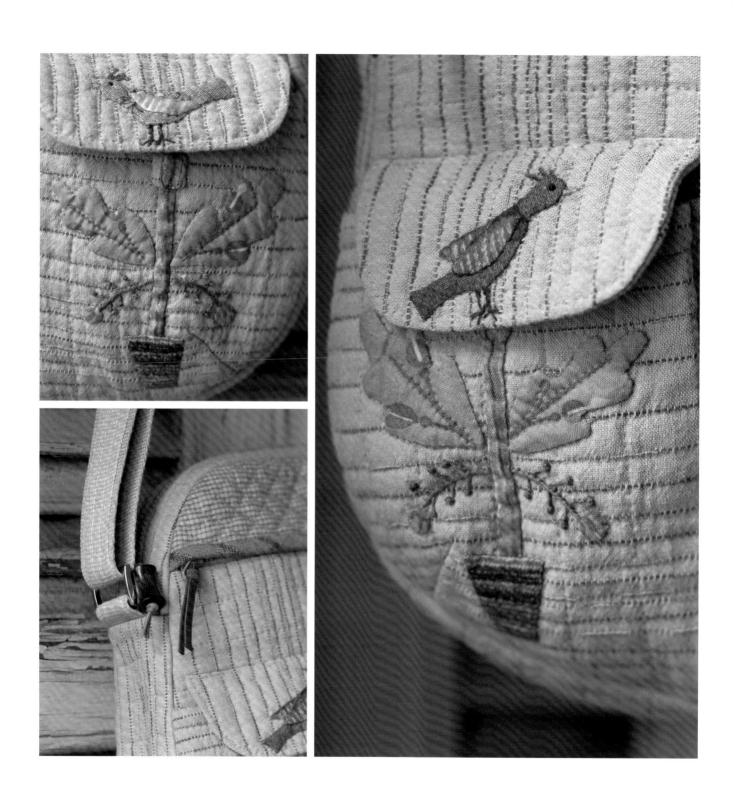

藍色小鳥與紅色小鳥，像是捎來幸福般的相望凝視著，多口袋的設計，方便又實用。

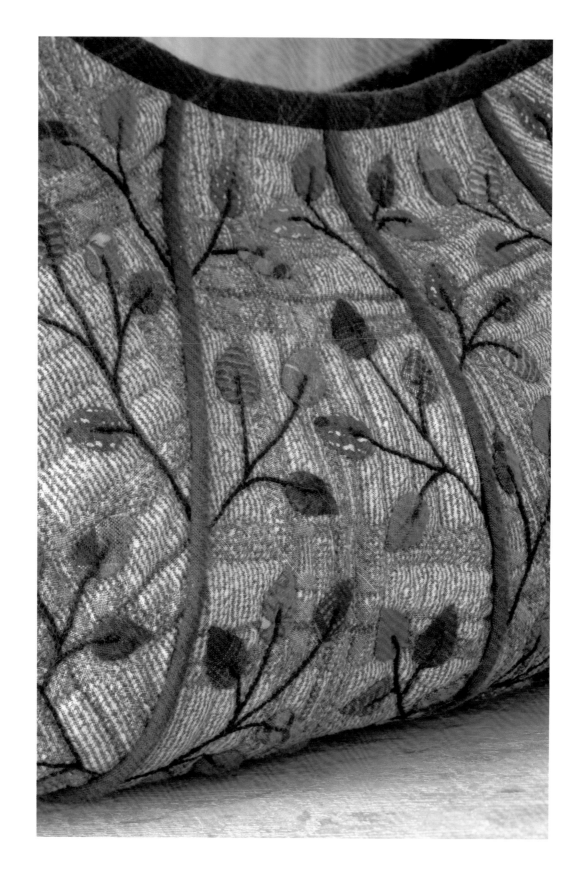

夾入滾邊布條當成樹幹，四周繡縫上枝葉，
為了讓底布的色調變得更柔和，刻意將茶色格紋的背面作為正面使用。

款式特殊的包包，口袋與側邊貼布繡上惹人憐愛的花草，利用接著襯撐出硬挺的形狀。

7 湯杯造型化妝包
作法 ······∵ p.078

8 咖啡杯造型化妝包
作法 ······∵ p.054

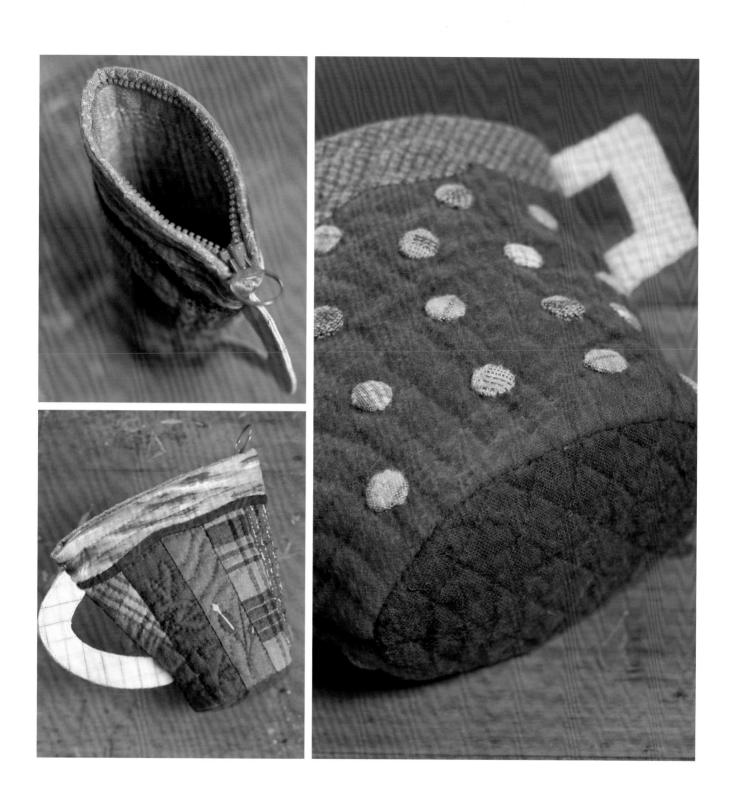

具有把手的設計，可愛極了！袋口的拉鍊，取單邊的錬條縫製而成。

森林的智者貓頭鷹，可愛的萌呆模樣討人喜歡！以植物圖紋布作為基底，再沿著圖紋壓線。

20th Anniversary CENTENARY COLLECTION BY YOKO SAITO & LECIE

10 花&藤編圖案手提包
作法 ┈┈┈ p.082

11 花朵化妝包
作法 ┈┈┈ p.084

實用的木紋印花布，可以巧搭出藤編或竹編圖案，也可以用來模擬泥土。
運用在提把上，看起來就像一只提籃包。

12

圓&十字圖案手提包

作法 …… p.086

雖然只是兩種圖形的組合，但因為使用了各式各樣的印花與格紋，而不會感覺太過單調。

13

旋轉の圓
肩背包

作法 p.088

由四片、兩組方塊構成一個圓。
拼布加上貼布繡，圓裡包著另一個圓的線條，看似不停地轉動著。

14

長條拼接
肩背包

作法 ⋯⋯⋯ p.090

組合多個由細長布條拼接的布片。拼接讓布有了豐富的表情，
比起只使用一大片布製作有趣多了！

不斷地拼接小布片，只要蒐集零碼布，就可以搭配各式各樣布片縫製。

16

桶狀斜背包

作法 p.094

造型俏麗可愛的斜背包，打開以釦子固定的縫褶，袋口立刻變大，是很棒的設計。

主題一致的餐桌小物。
餐桌布選擇低色調的布料，桌面小物被襯托得更出色。

21·22

布盒1&2

作法 p.100

收納布料用的箱子十分實用，以同色系的布作了兩個布盒。
如果你不擅手縫，利用縫紉機很快就能作好。

23 剪刀袋

作法 ……… p.102

24 口金縫紉箱

作法 ……… p.104

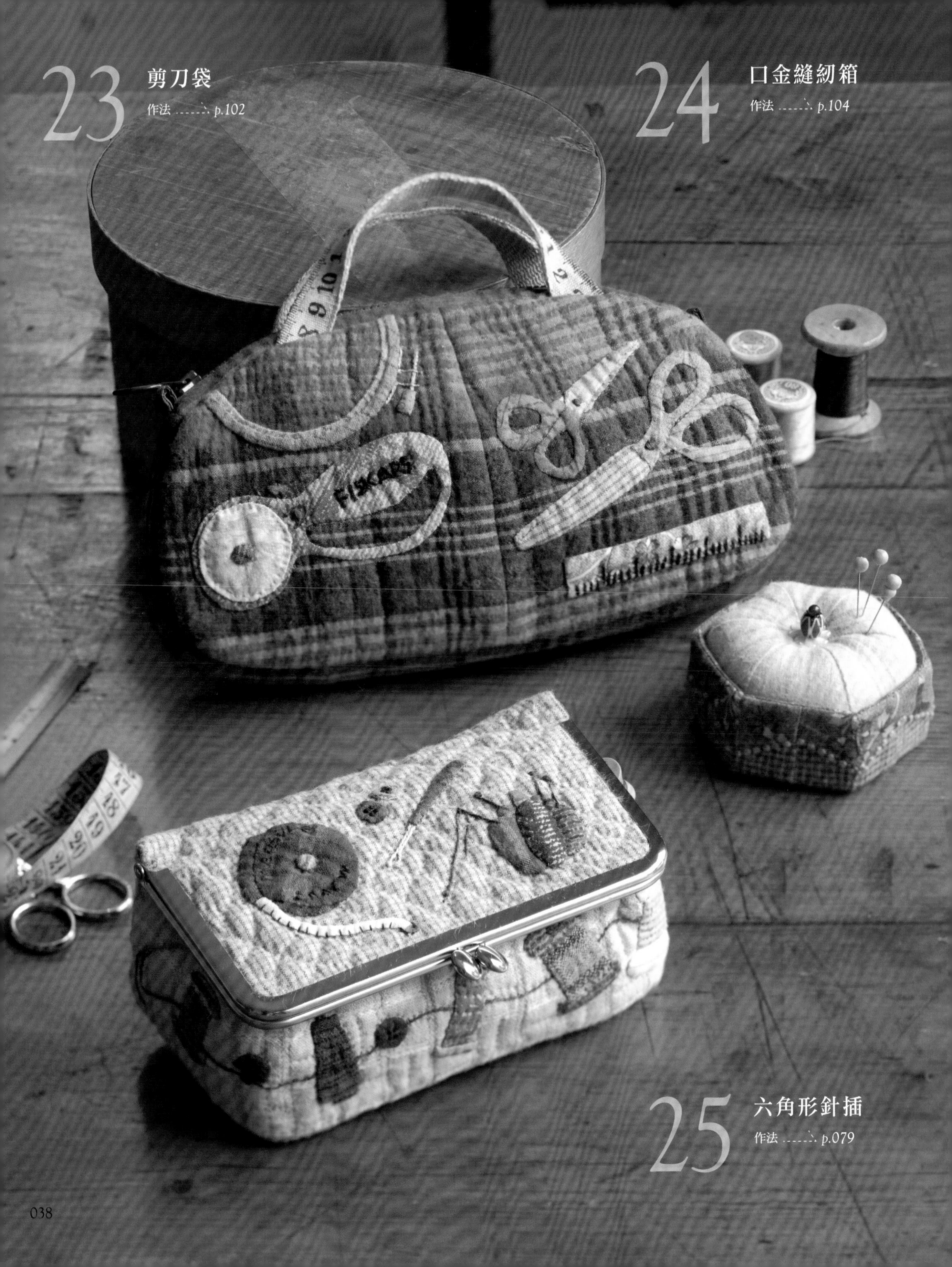

25 六角形針插

作法 ……… p.079

依據使用狀況縫製的縫紉工具收納包。從袋身的貼布繡圖案，一眼就能辨識出內容物。

我喜歡樸實的花朵，不是單純只有花，還會加入許多的枝葉。
使用Toile布風格的大塊圖案布當基底，低調展現微妙色差。

並排的傳統拼布圖案——伯利恆之星。從遠處看，星星是不是真的一閃一閃的發光呢？

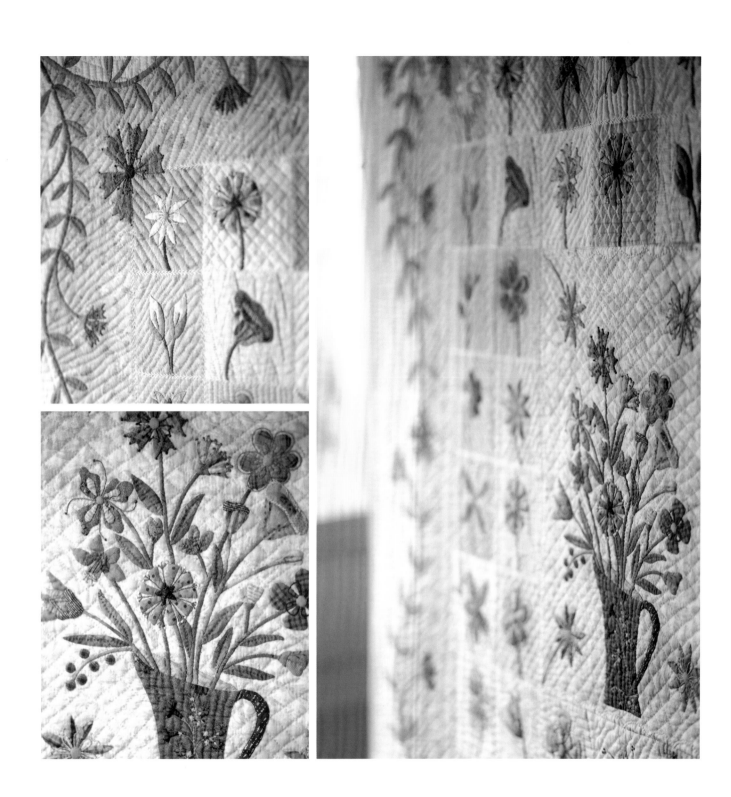

花梗微彎的姿態，宛如迎風輕舞！配合每朵花的造形變換壓飾的線條，增色不少。

20週年「世紀典藏」布料

以下是發表於2014年秋天的新花色。

No.30910 果實圖案

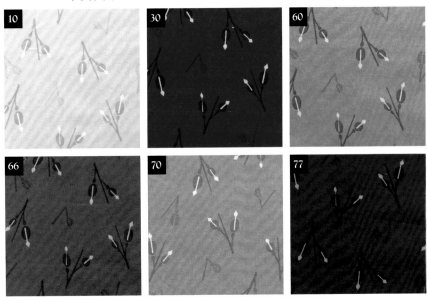

具有時尚感的果實圖案。不論是應用在拼布或貼布繡上都能增色，建議可將No.30、No.66、No.77當成重點色使用。

No.30914 暈染圖案

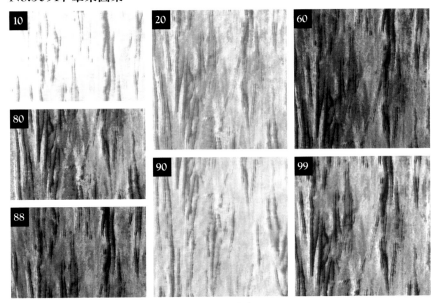

暈染顏色看起來像是木紋，明確的濃淡色，呈現立體感。

No.30916 Toile

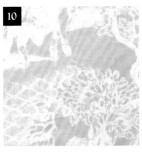

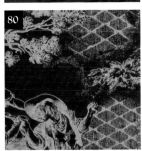

類似法式印花布的復古風圖案。為活用精緻圖案，請大面積的使用。

No.30913 箭號圖案

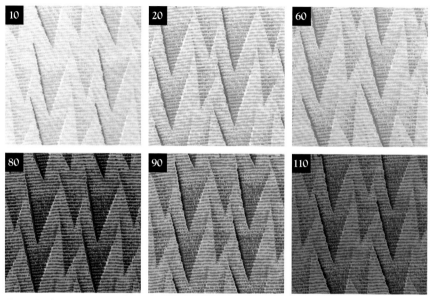

具有動態感為其特色。為了當底布使用時箭號不致太凸顯，利用色調使之調和。

No.30911 藤蔓&花

在底紋加入纖細圖案，表現出立體感。色彩繽紛，用途廣泛，可增添不少趣味。

No.30912 點點 & 條紋

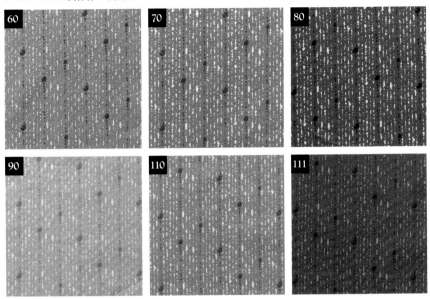

點點與條紋的結合。條紋的圖案雖然不是那麼明顯，但因為有方向性，可變換成直紋或橫紋使用，營造趣味。

No.30917 起毛格紋

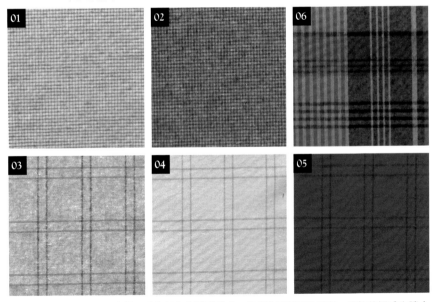

如法蘭絨般略微起毛的格紋，是我個人的偏愛樣式。起毛除了能柔化線條，柔軟的觸感也讓人喜愛。若不擅處理起毛布，可將背面當正面使用。

No.30915 格紋

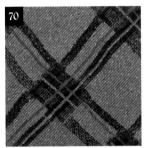

手繪風線條的斜向大格紋。線條柔和不會太強烈，可當底布使用。

No.30918 水洗格紋

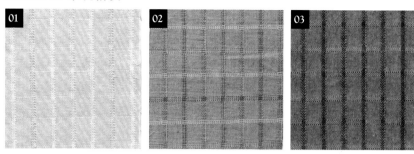

No.30919 水洗格紋

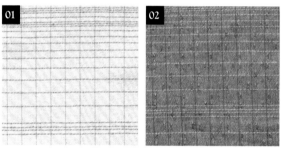

No.30920 水洗格紋

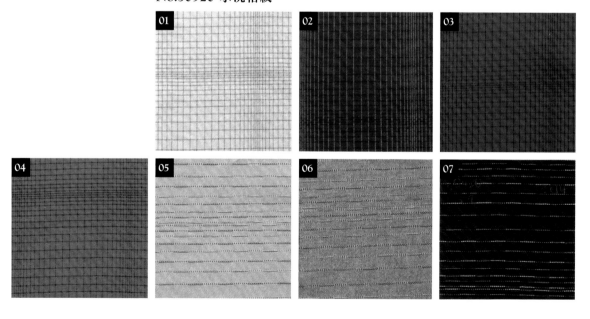

先染的水洗格紋也是我製作拼布時不可欠缺的布料,蒐集了可和印花布搭配的顏色。
分布不均的線條展現多變印象,可兩面使用的萬能格紋。

拼布基礎

以下介紹幾款拼布用的工具。雖然不至於一樣工具都不能少，但若備齊，在製作作品時會方便許多。

基本工具

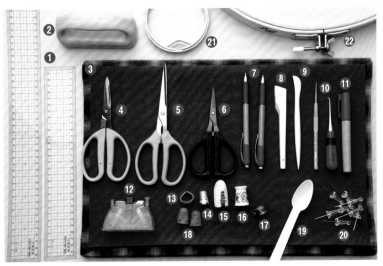

❶尺 裁布圖或製作紙型及在布上畫線時都會用到。方格與平行線兩者都有的拼布專用尺，長短都準備，使用時更方便。

❷布鎮 製作貼布繡或尺寸太小放不進去布框時的壓線作業，可以布鎮將布料固定。附把手的布鎮，更好移動。

❸拼布板 一面是砂紙，另一面是柔軟皮革，可當燙墊使用。大尺寸使用較便利。

❹剪紙剪刀 握柄長、刀刃薄者為佳。

❺剪布剪刀 挑選握柄大且輕的款式，用起來手比較不會痠。

❻剪線剪刀 挑選好握順手、握柄大的款式。配合用途使用不同的剪刀，可延長刀具的壽命。

❼記號筆 用於在布上作記號。深色布使用白色，淺色布使用黑色，分開用較方便。

❽骨筆 用於推壓縫份、加入或消除摺痕。這樣就不需要一直使用熨斗熨燙。

❾貼布繡專用骨筆 用於推壓貼布繡曲線部分的縫份。彎度小的較好用，選擇小尺寸的。

❿錐子 用於整理化妝包與包包等的邊角，或是車縫時按住布以免布走位。

⓫布用口紅膠 代替珠針或疏縫，用於暫時固定。

⓬穿線器 放上針與線就能將線穿入針的便利工具。

⓭頂針器 拼接布片時用來推針。

⓮金屬指套 用於壓線時。由於是金屬材質，推壓縫針手指也不會痛。

⓯皮革指套 套在⓮上，可防止滑動。或是在貼布繡時保護手指。

⓰陶瓷指套 用於壓線時。由於是金屬材質，頂住針尖時手指也不會痛。

⓱切線用指套 套在不拿針的大拇指，刀刃朝上，可直接將線剪斷，可不必用到剪刀，很方便。

⓲橡皮指套 用於將針抓牢拔出時。

⓳湯匙 疏縫時用於頂住針尖。柔韌的塑膠湯匙容易使用。

⓴圖釘 疏縫時用來將作品固定在板子或榻榻米上。

㉑布框 刺繡時用來框住布。外側沒有螺絲，使用方便。

㉒壓線框 用於大作品的壓線。

針（原寸）

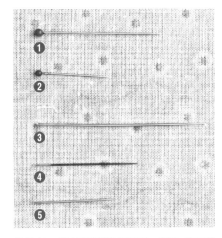

❶珠針 用於暫時將布固定。製作拼布時都會用到。

❷珠針 短珠針，在貼布繡時好用又方便。

❸疏縫針 疏縫專用的粗長針。

❹貼布繡針 用於拼布與貼布繡的尖銳細針。

❺壓線針 用於壓線，短且軟的針。

線

❶疏縫線

❷縫線（使用60號）

❸壓線用線

拼布使用的疏縫線，多半是疏縫短距離，所以比起縫紉用的捲線軸，只捲在一根棒子上的簡易型線軸反而更好用。拼接布片或壓線時，搭配布的顏色挑選適合的線材，作品看起來會很漂亮。

指套的用法

壓線時建議套上指套以保護手指。圖中是我使用指套的方式。如果你慣用右手，請以大拇指與中指握住針，中指推針進行手縫。此時，為保護中指而套上金屬指套，上面再重疊套上皮革指套。皮革指套雖有開洞，但底下的金屬指套可發揮保護作用。而為牢牢握住短的壓線針，可在食指套上防滑的橡皮指套。

左手是頂針的一方，在頂針回推的食指套上陶瓷指套，為防止陶瓷指套滑動，裡面先套上橡皮指套，大拇指則套上切線用指套，如此便準備就緒。請視使用的方便性調整指套的用法。

本書使用的拼布用語

合印記號…重疊兩片以上的布料及紙型時，為防止布片滑動再預先劃出的記號，製作曲線圖案時，請務必使用。

貼布縫…在底布上放置剪好的布片，以藏針縫固定的方法。

底布…壓線時，重疊表布的鋪棉之下放置的布料。與裡布作用相同，但是壓線後固定在中間的袋子或裡布之中，不顯露於完工的袋物表面，故以此為名。

縮縫…使平面的布片成為立體形的技法。縫份以平針縫縫合抽皺成形製作。（參考P.62步驟3）

裡布…拼布作品背面一側使用的布料。

立針縫…藏針縫的技法之一。以直針刺入使針目呈現立起狀使之縫合。

落針壓線…在貼布縫或布片的針目邊緣入針的壓線方法。

表布…使用拼接或貼布縫製作、成為作品正面的布料。

回針縫…前進一針後再返回一針的作法。

風車倒向…拼接縫合完畢後，重疊的縫份倒向相同一側的方法，用於平針縫拼接六角形等。

縫份倒向…布片拼接縫合完畢後，重疊的縫份倒向相同一側的方法。

摺入縫份…縫份倒向時，將縫份摺疊的動作。（參考P.55步驟9）

壓線…重疊表布、鋪棉、裡布三層後疏縫，再一起穿透縫合的動作。

鋪棉…表布與裡布之間塞入的內芯。

平針縫…也稱之為運針（直線縫）的一種基本作法。

口布…在提袋或口袋的開口處使用的布料。

藏針縫…縫合返口時使用的技法，針以垂直方式縫合布片。（參考P.97）

疏縫…正式縫合之前，預先以大針縫合的動作。

接著鋪棉…使用熨斗直接貼合在布料上的鋪棉，具有單膠棉、雙膠棉之分。

接著布襯…以不織布製作，以熨斗直接貼合在布料上的布襯，用於袋底及側身，可固定形狀。

裁剪…依照未添加縫份所表示的尺寸裁布。

抓褶…為塑造形狀，將布料一處抓皺固定的方法。

吊耳…固定在收納包或袋物上，固定提繩鈕釦。

打結‧打結固定…始縫時稱為打結，止縫時稱為打結固定。這是在線端作出結粒，固定縫線的方法。

基底布…貼布縫時底下放置的布料。

正面相對疊合…縫合兩片布時，將布正面對正面疊合。

邊對邊縫合…縫合布片時，從縫線的一側縫至另一側的縫合方式。

縫份…縫合布片時必要的布邊寬度。

點對點縫合…縫合布片時，從縫線的一側記號點縫至另一側記號點的縫合方式。

止縫點…拼接至邊線時，邊線與邊線的止縫記號。（參考P.107）

包邊…布邊包邊的方法，將四周以包邊布或橫織紋布料捲包布邊的方法。（參考P.107）

圖案…構成拼布作品表布的圖案。

布片…一片、一枚的意思。裁剪後布料的最小單位。

拼接…將布片之間縫合的方法。

邊條…簷、邊緣的意思，在周圍如同相框似的縫合固定一圈。

捲針縫…在布邊上以螺旋狀纏繞、交叉縫合的手法。

側邊…為了讓袋物能提拉重物而縫製的部分。

貼邊…用於布邊包邊處理或補強的布料。

Lesson 8 咖啡杯造型化妝包 ⸽⸽⸽⸽ *p.018* 紙型A面

以這款拉鍊組裝方式別具特色的化妝包，
示範從拼接布片到壓線的基礎拼布技巧。
拉鍊的特殊處在只使用單邊鍊條。

所需材料
拼布用布…先染格紋布與印花布適量
貼布繡用布…10×30cm
袋底用布…8×8cm
提把用布…25×15cm
斜紋布條…1.1×30cm
裡布（含袋底）…45×20cm
鋪棉（含袋底）…45×20cm
拉鍊襠布…3×8cm
布襯（含袋底・提把）…20×10cm
30cm長拉鍊1條

裁布圖

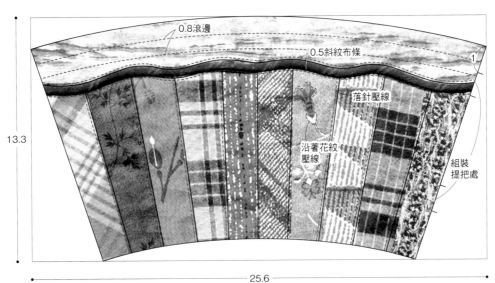

0.8滾邊
0.5斜紋布條
1
13.3
落針壓線
沿著花紋壓線
組裝提把處
25.6

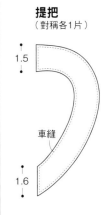

提把
（對稱各1片）
1.5
車縫
1.6

袋底 1格狀壓線
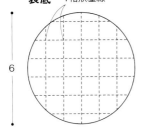
6

拉鍊襠布

1.5
6

製作表布

※為便於理解，圖中使用紅色縫線製作。

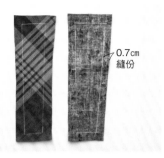

1

在布片的背面放上紙型，周圍加上0.7cm的縫份，裁剪10片表布用布片。

2

裁好的10片布片，依配色順序排列，再由左自右循序縫合。

3

2片布片正面相對疊合，對齊記號與記號，位置不要跑掉，以珠針固定左右兩端，中間再固定1針，再於兩珠針之間各固定1針。

4

始縫是在記號外側0.5cm處入針，進行1針回針縫。

5

沿著完成線的上方進行平針縫。

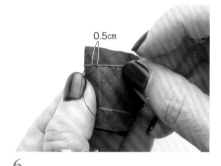

6

止縫也是在記號外側0.5cm處出針，進行1針回針縫，打結後剪斷線。

7

布片縫合完畢。

8

將縫份修剪整齊。

9

打開布片時，為避免露出針腳，摺疊針腳向內約0.1cm處，形成暗褶。摺向任一側均可，縫份是倒向同一側。

10
布片放在拼布板上打開，以骨筆用力推壓縫份。

表側　　　　　　　　　　　　背側

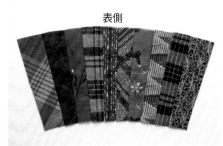 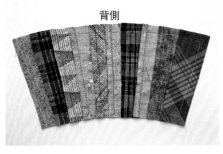

11
重複步驟3至10，自左側縫合剩餘的布片。縫份倒向同一側。

12
放上紙型，在表側畫上完成線。

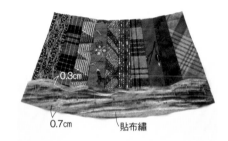

0.3cm

0.7cm　　　　貼布繡

13
準備四周加上0.7cm縫份（只有進行貼布繡的那一側是加上0.3cm縫份）的貼布繡用布。對齊12和貼布繡布的完成線，以珠針固定。

若使用貼布繡專用短珠針，車縫時不會纏到線，操作更順利。

14
在貼布繡用布的記號處摺疊縫份。

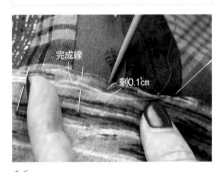

完成線

剩0.1cm

15
一邊以針尖將縫份摺入內側一邊縫合。

16
在曲線山谷部分的3處剪牙口，剪至距離完成線0.1cm。

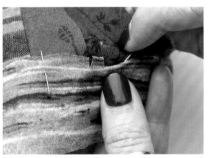

17
以針尖一邊將牙口向內摺一邊縫合。

18

完成貼布繡。

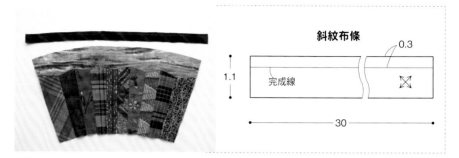

斜紋布條

0.3

1.1

完成線

30

19

準備一條長30cm，上下側加上0.3cm縫份、寬1.1cm的斜紋布條，完成後的寬度為0.5cm。
請在邊緣描好完成線。

0.1cm

20

沿貼布繡的邊緣縫上斜紋布條。由於邊緣不
好縫，以向下約0.1cm為標準對齊斜紋布條
的完成線。

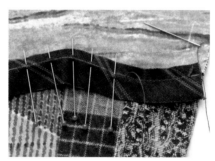

21

由邊端入針，進行1針回針縫後進行平針
縫。

22

在16中剪牙口的山谷部分進行回針縫，防
止綻開。

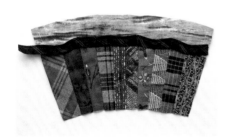

23

縫上單側的斜紋布條。

24

一邊以針尖將斜紋布條摺向內側，一邊縫合
固定，完成寬度為0.5cm。

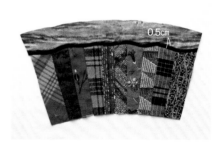

0.5cm

25

縫好斜紋布條，完成表布的製作。

進行疏縫

1
準備左右加上2cm縫份、上下加0.7cm縫份的裡布與鋪棉。左右邊的縫份之後要用來包覆，所以預留多一點。依鋪棉、裡布（正面）、表布（背面）的順序重疊。

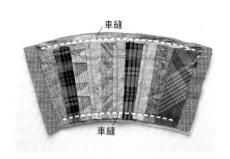

2
車縫上下側的完成線，由一個記號縫至另一個記號。

3
上下側的鋪棉修剪至縫線的邊緣。

4
在下側曲線部分4處淺淺的剪牙口。

5
翻回正面，熨燙整型。

6
將5放置板子上，以圖釘固定四周。如果用手扶著進行疏縫容易起皺，所以利用比作品大的板子或榻榻米將布固定。

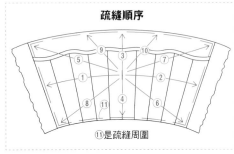

7
依圖示的數字順序，由中心呈放射狀疏縫。疏縫時，利用湯匙頂針，手就不會痛了！

8
疏縫完成。

進行壓線

壓線時的姿勢
無法以布框框住的小尺寸布，改以布鎮固定，進行壓線。為防止布鎮滑動，務必放在拼布板不滑的那一面。利用桌子邊緣，布片只露出桌外一半，盡量將本體鋪平進行壓線。

1
避免拉扯到拼接線，依個人喜好壓線。首先，在線端打個始縫結，在距開始縫的位置入針，於開始縫的1針前出針。

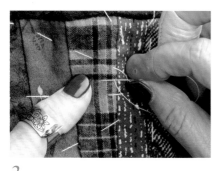

2
於1針前出針後，自開始繡縫的位置入針，此時裡布不要露出針腳。

3
再次由開始縫的位置入針，挑起裡布壓線。以右手推針，左手的食指頂針向上推壓的方式壓線。

4
縫3至4針後出針，將線拔出。縫至止縫的位置也於1針前出針。此時不挑起裡布，進行1針回針縫。

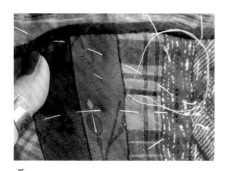

5
遠遠出針，將線結藏入鋪棉中，再將線剪斷。

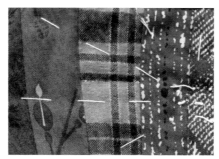

6
參考裁布圖，完成所有的壓線。

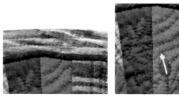

組裝拉鍊

拉鍊布　拉鍊頭
錬齒

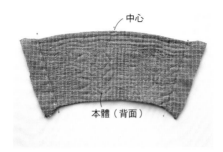

中心

本體（背面）

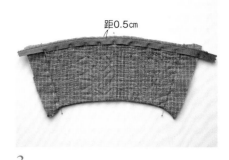

距0.5cm

1
以剪刀剪掉拉鍊的下
止。取下拉鍊頭，將
兩條拉鍊布分離，從
中挑一條使用。

下止

2
本體翻回背面，在袋口中心與兩端的完成線
位置，以珠針作上記號。

3
拉鍊對摺，找出中心點。將此中心點與袋口
的中心點對齊，自袋口向下0.5cm處對齊錬
齒，將珠針垂直穿入。

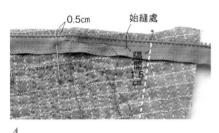

0.5cm　　始縫處

隔開
1.5
cm

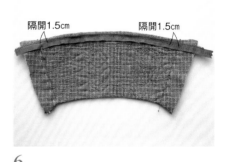

隔開1.5cm　　　隔開1.5cm

4
以回針縫將拉鍊縫至袋口。在隔開始縫記號
1.5cm的位置開始縫。隔開1.5cm是為了之後
要車縫兩脇邊。

5
以拉鍊布上的織目當成記號，不要拉引縫線
的進行回針縫。注意針腳不要露出本體的表
側。

6
最後在距止縫記號1.5cm前縫合固定。

摺雙

車縫

7
拉鍊布邊緣挑起裡布，與裡布縫合。

8
本體正面相對摺兩褶，對齊完成線，以珠針
固定，避開拉鍊。

9
以0.2cm的針目車縫完成線。若採手縫請進
行回針縫。

10
留下一邊的裡布後，剩餘的縫份修齊至0.7cm。

11
以尖錐將留下的裡布包覆修齊的裡布與鋪棉，以珠針固定。

12
以立針縫縫合。

13
整理完接合邊的縫份。

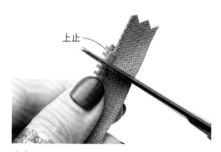

上止

14
抓齊左右側的拉鍊末端，剪掉上止。再抓齊末端，套入拉鍊頭。

拉鍊頭

15
套入拉鍊頭。套入時要注意，當本體翻回正面時，拉片必需位於本體表側。

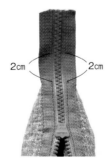

2cm　2cm

16
在拉鍊的車縫止點向外延伸2cm處作記號。

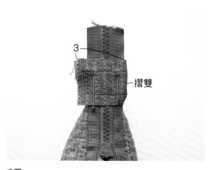

3

摺雙

17
準備一片1.5×6cm，周圍加上0.7cm縫份的拉鍊襠布。將襠布摺兩褶，摺雙線側對齊拉鍊的右端夾入拉鍊。對齊拉鍊的記號與襠布的縫線，以珠針固定。

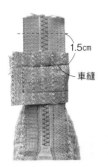

18
車縫檔布，剪掉縫線向上1.5cm之後的拉鍊。

19
檔布翻回正面，摺疊縫份包覆拉鍊。

20
車縫檔布的四周。

接縫袋底與提把

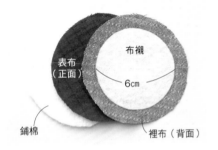

1
準備直徑6cm的布襯，在直徑6cm圓的周圍加上0.7cm縫份的表布、裡布、鋪棉。在裡布的背面熨燙布襯，依序重疊鋪棉、表布（正面）、裡布（背面）。

2
留下約5cm的返口，車縫布襯的四周。沿著縫線邊緣剪掉鋪棉。

3
表布四周進行平針縫，拉線抽皺。

4
自返口翻回正面，以藏針縫縫合返口。

5
加入1cm格狀車縫壓線，完成袋底。

6
袋底與本體背面相對疊合，以珠針固定。只挑起正面的布進行藏針縫，為求牢固，請以細針目縫製。

7
完成袋底縫合。

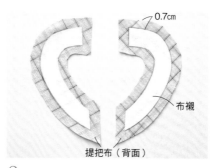

0.7cm

布襯

提把布（背面）

8
準備左右對稱的提把布各一片，周圍加上
0.7cm縫份。將不加縫份直接剪裁的布襯，
熨燙在提把布的背面。

9
在弧度較陡的內側剪牙口，剪牙口側的布襯
塗上布用口紅膠。

10
縫份倒下黏貼，作出漂亮的弧度。

11
外側的縫份進行平針縫，抽褶。

12
剪掉超出布端的部分，
減少縫份的厚度，漂亮
地摺出邊角。

13
完成一片提把。依同樣作法縫製另一片。

14
兩片提把背面相對疊合，車縫四周。若採手
縫，則進行藏針縫縫合。

15
對齊組裝提把的位置，以藏針縫將提把縫合
固定於兩側，完成。

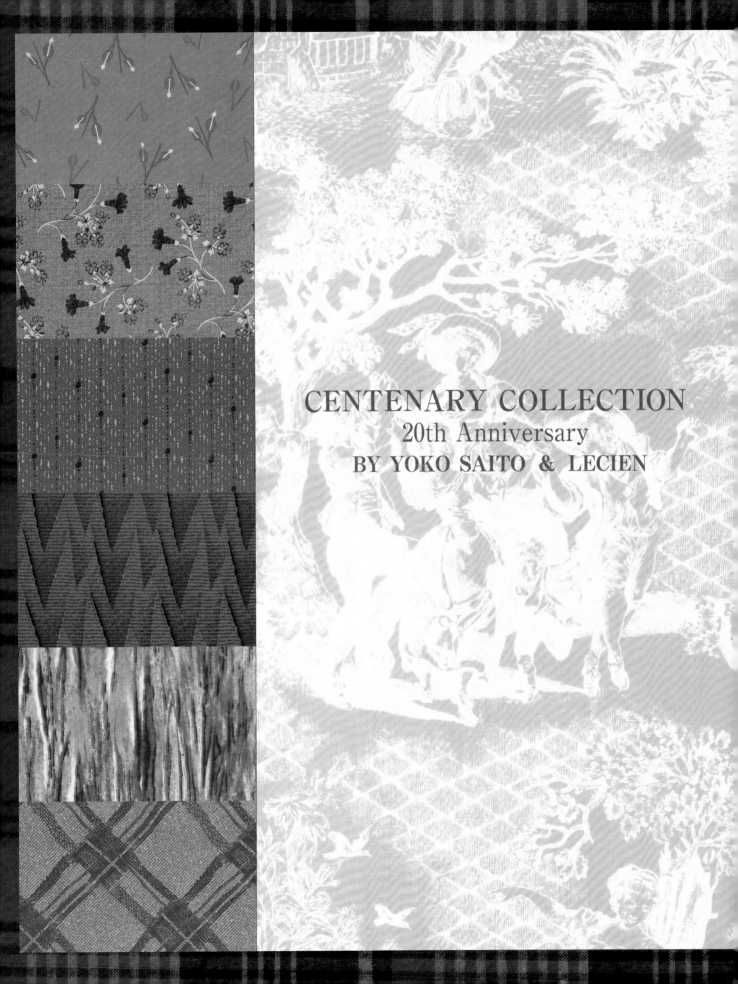

CENTENARY COLLECTION
20th Anniversary
BY YOKO SAITO & LECIEN

作法
HOW TO MAKE

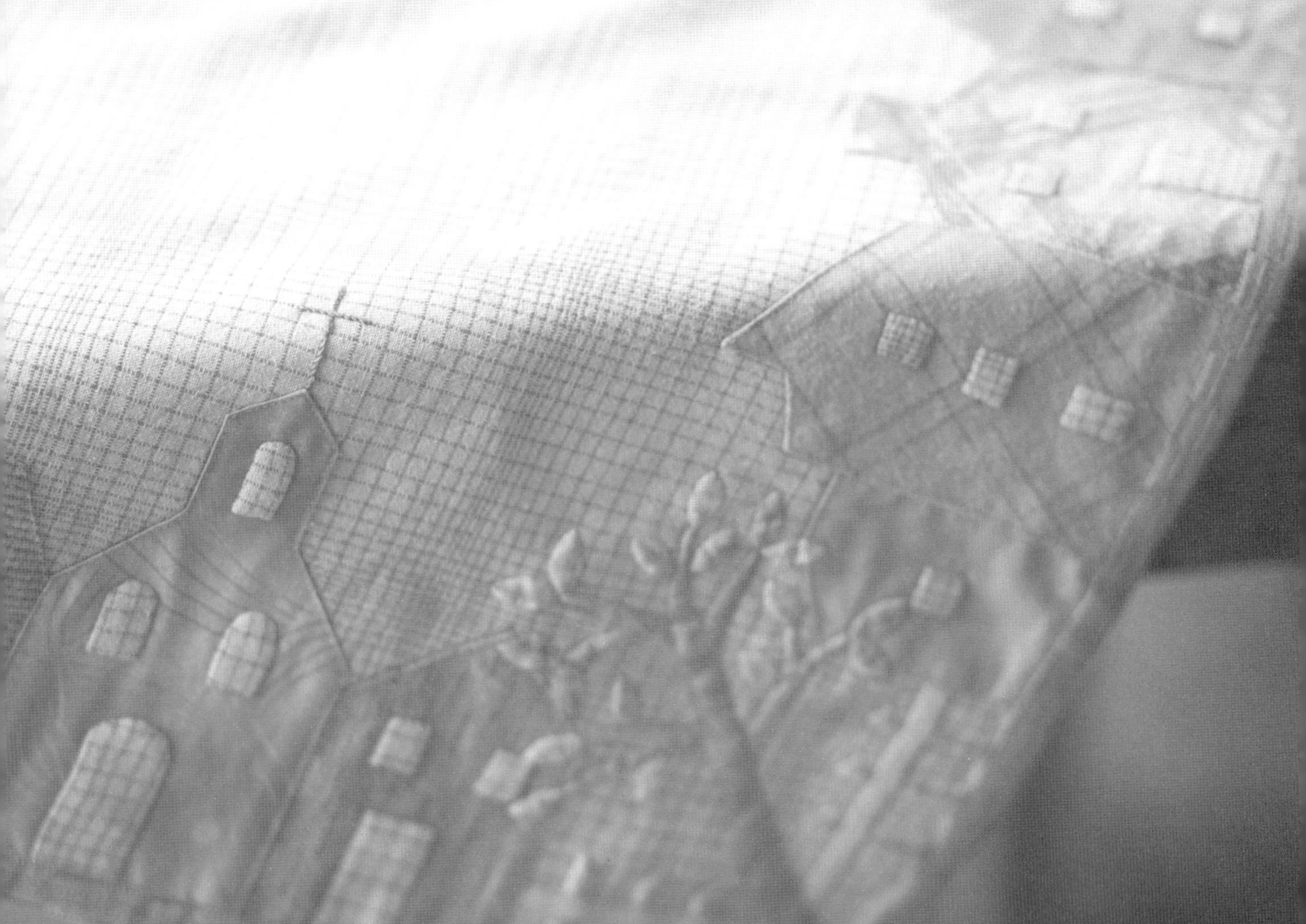

- 圖中的尺寸皆以cm為單位。
- 裁布圖或紙型一律不含縫份。除了指定「直接裁剪」（＝不需要加上縫份）處，
  所有的布片皆於周圍加上0.7cm的縫份，貼布繡則加上0.3cm縫份後裁剪。
- 作品的完成尺寸是以裁布圖上的尺寸表示，但有時會因縫法與壓線的不同而有所差異。
- 壓線後，很多都會比完成尺寸縮小一點，所以最好先確認一下尺寸再進行下一個作業。
- 包包的製作和一部分的壓線會採用車縫，也可採手縫方式製作。

[材料]

底布…灰色格紋（含提把‧側邊）110×40cm、貼布繡用布…灰色系暈染（含口布‧提把內側）…80×20cm‧使用零碼布、裡布110×60cm、鋪棉110×40cm、包邊用斜紋布條2.5×160cm、布襯110×35cm、薄布襯45×10cm、30cm拉鍊1條、25號繡線各色‧串珠‧細圓繩各適量

[作法]

1 在底布進行貼布繡與刺繡，製作前側‧後側表布，接著與已經重疊鋪棉的裡布正面相對疊合，車縫袋口，再翻回正面進行壓線，車縫尖褶。

2 製作提把‧側邊。

3 前側‧後側與提把‧側邊對齊車縫，整理縫份，製作本體。

4 拉鍊安裝至口布。

5 提把內側與口布正面相對疊合，縫成輪狀，再以藏針縫縫至本體。

6 拉鍊的拉片裝上串珠吊飾。

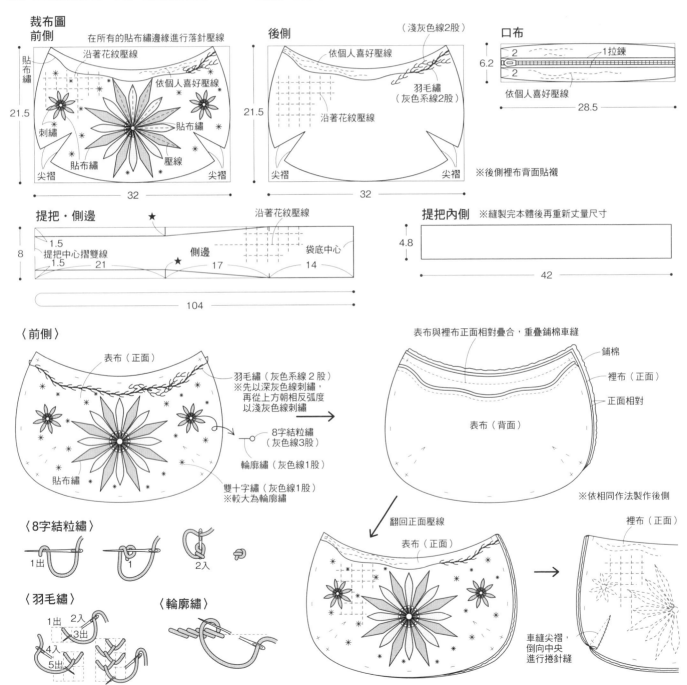

裁布圖
前側
在所有的貼布繡邊緣進行落針壓線
貼布繡 21.5
沿著花紋壓線
依個人喜好壓線
貼布繡
刺繡
貼布繡　壓線
尖褶　尖褶
32

後側
（淺灰色線2股）
依個人喜好壓線
羽毛繡（灰色系線2股）
21.5
沿著花紋壓線
尖褶　尖褶
32
※後側裡布背面貼襯

口布
2　1拉鍊
6.2
2
依個人喜好壓線
28.5

提把‧側邊
★
1.5
提把中心摺雙線
1.5　21
沿著花紋壓線
側邊　★　17　袋底中心　14
104

提把內側　※縫製完本體後再重新丈量尺寸
4.8
42

〈前側〉
表布（正面）
羽毛繡（灰色系線2股）
※先以深灰色線刺繡，再從上方朝相反弧度以淺灰色線刺繡
8字結粒繡（灰色線3股）
輪廓繡（灰色線1股）
貼布繡
雙十字繡（灰色線1股）
※較大為輪廓繡

表布與裡布正面相對疊合，重疊鋪棉車縫
鋪棉
裡布（正面）
正面相對
表布（背面）
※依相同作法製作後側

〈8字結粒繡〉
1出　1　2入

〈羽毛繡〉
1出　2入　3出　4入　5出

〈輪廓繡〉

翻回正面壓線
表布（正面）

裡布（正面）
車縫尖褶，倒向中央進行捲針縫

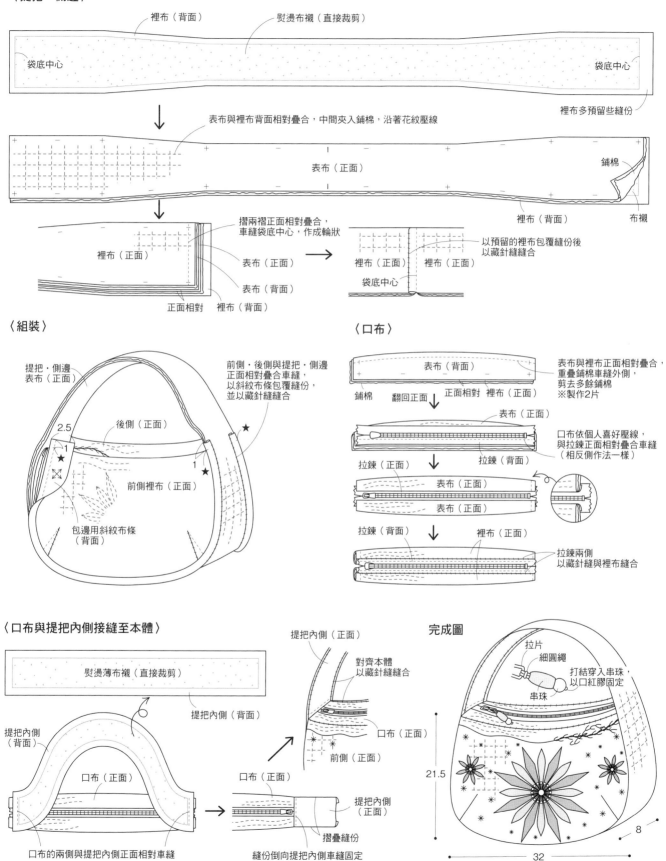

〈提把・側邊〉

裡布（背面）　　　熨燙布襯（直接裁剪）

袋底中心　　　　　　　　　　　　　　　　　　　　　　袋底中心

裡布多預留些縫份

表布與裡布背面相對疊合，中間夾入鋪棉，沿著花紋壓線

表布（正面）

鋪棉

裡布（背面）　　　布襯

摺兩褶正面相對疊合，
車縫袋底中心，作成輪狀

裡布（正面）

表布（正面）

表布（背面）

正面相對　裡布（背面）

以預留的裡布包覆縫份後
以藏針縫縫合

裡布（正面）　裡布（正面）

袋底中心

〈組裝〉

提把・側邊
表布（正面）

前側・後側與提把・側邊
正面相對疊合車縫，
以斜紋布條包覆縫份，
並以藏針縫縫合

2.5

1

後側（正面）

1

前側裡布（正面）

包邊用斜紋布條
（背面）

〈口布〉

表布（背面）

鋪棉　翻回正面　正面相對　裡布（正面）

表布與裡布正面相對疊合，
重疊鋪棉車縫外側，
剪去多餘鋪棉
※製作2片

表布（正面）

拉鍊（正面）　　　拉鍊（背面）

口布依個人喜好壓線，
與拉鍊正面相對疊合車縫
（相反側作法一樣）

表布（正面）

表布（正面）

拉鍊（背面）　　　裡布（正面）

拉鍊兩側
以藏針縫與裡布縫合

〈口布與提把內側接縫至本體〉

熨燙薄布襯（直接裁剪）

提把內側（背面）

提把內側
（背面）

口布（正面）

口布的兩側與提把內側正面相對車縫

口布（正面）

提把內側
（正面）

摺疊縫份

縫份倒向提把內側車縫固定

提把內側（正面）

對齊本體
以藏針縫縫合

口布（正面）

前側（正面）

完成圖

拉片
細圓繩

串珠

打結穿入串珠，
以口紅膠固定

21.5

8

32

067

[材料]

拼布・貼布繡用布…藍灰先染直條紋（含提把・口袋裡布・包釦布）110×60cm・使用零碼布、口袋・釦絆・包釦布…茶色先染格紋40×20cm、裡布・鋪棉各110×60cm、滾邊（斜紋布條）…深藍先染格紋3.5×180cm、包邊用斜紋布條2.5×100cm、包邊用布2.5×6cm、直徑2.5cm釦子3個、直徑2.3cm磁釦1組、厚布襯7×55cm、布襯40×40cm、25號繡

線紅色・藍色・薄布襯各適量

[作法]

1 在底布進行拼布、貼布繡與刺繡，製作前側表布。

2 前側・後側表布各自重疊鋪棉與裡布，進行壓線。

3 車縫前側・後側的尖褶，正面相對疊合，除袋口之外車縫四周。縫份以斜紋布條包邊。

4 在3的袋口滾邊。

5 製作2片口袋，接縫至4的兩側。

6 製作提把，縫合固定於5的兩側。

7 製作釦絆，縫合固定於前側，磁釦組裝於後側。

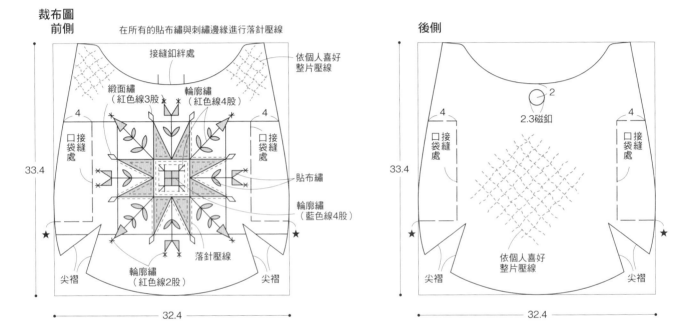

裁布圖
前側　在所有的貼布繡與刺繡邊緣進行落針壓線

接縫釦絆處
依個人喜好整片壓線
緞面繡（紅色線3股）
輪廓繡（紅色線4股）
4
4
口袋接縫處
貼布繡
33.4
輪廓繡（藍色線4股）
★
★
落針壓線
尖褶　輪廓繡（紅色線2股）　尖褶
32.4

後側

2
2.3磁釦
4
4
口袋接縫處
33.4
依個人喜好整片壓線
★
★
尖褶　尖褶
32.4

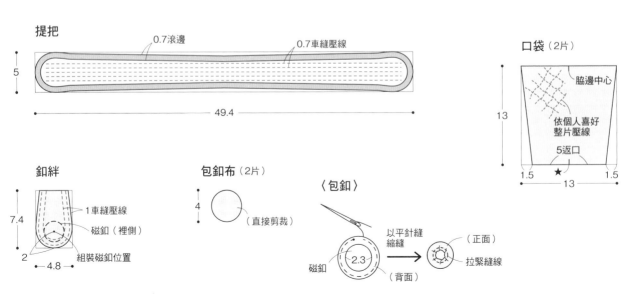

提把
0.7滾邊　0.7車縫壓線
5
49.4

口袋（2片）
脇邊中心
13
依個人喜好整片壓線
5返口
1.5　★　1.5
13

釦絆
1車縫壓線
7.4
磁釦（裡側）
2
4.8
組裝磁釦位置

包釦布（2片）
4
（直接剪裁）

〈包釦〉
磁釦
2.3
（背面）
以平針縫縮縫
（正面）
拉緊縫線

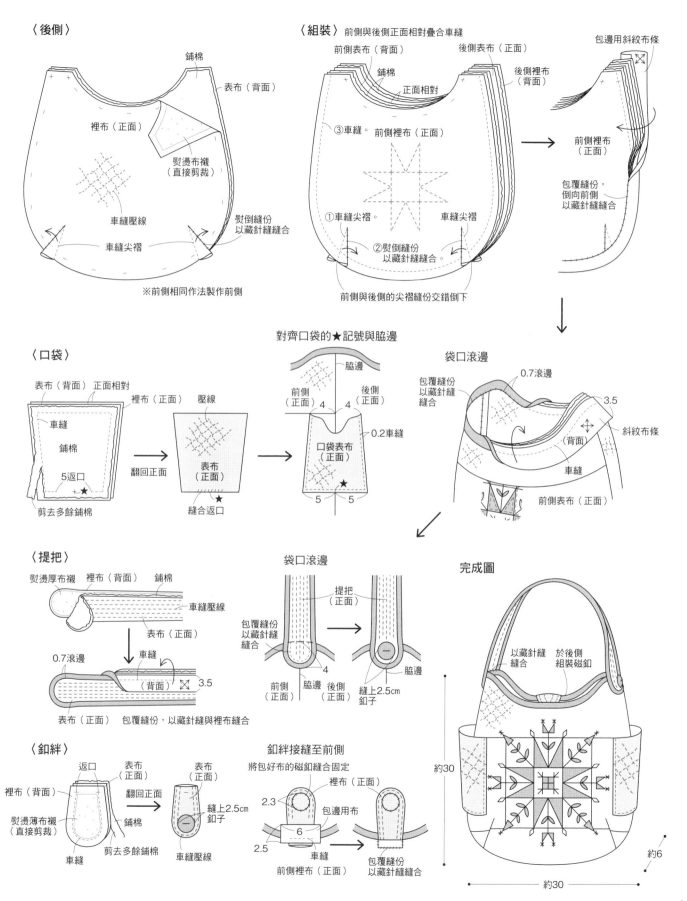

〈後側〉

鋪棉
表布（背面）
裡布（正面）
熨燙布襯（直接剪裁）
車縫壓線
車縫尖褶
熨倒縫份以藏針縫縫合

※前側相同作法製作前側

〈組裝〉前側與後側正面相對疊合車縫

前側表布（背面）
鋪棉
正面相對
③車縫。前側裡布（正面）
①車縫尖褶。
②熨倒縫份以藏針縫縫合。
車縫尖褶
前側與後側的尖褶縫份交錯倒下

後側表布（正面）
後側裡布（背面）

包邊用斜紋布條
前側裡布（正面）
包覆縫份，倒向前側以藏針縫縫合

〈口袋〉

表布（背面）正面相對
裡布（正面）壓線
車縫
鋪棉
5返口
★
剪去多餘鋪棉
翻回正面
表布（正面）
縫合返口
★

對齊口袋的★記號與脇邊

脇邊
前側（正面）4 4 後側（正面）
口袋表布（正面）
0.2車縫
5 5
★

袋口滾邊

包覆縫份以藏針縫縫合
0.7滾邊
3.5
斜紋布條（背面）
車縫
前側表布（正面）

〈提把〉

熨燙厚布襯 裡布（背面）鋪棉
車縫壓線
表布（正面）
0.7滾邊 車縫
（背面）3.5
表布（正面）包覆縫份，以藏針縫與裡布縫合

袋口滾邊

提把（正面）
包覆縫份以藏針縫縫合
4
前側（正面）脇邊後側（正面）
縫上2.5cm釦子
脇邊

完成圖

以藏針縫縫合 於後側組裝磁釦

約30

約30

約6

〈釦絆〉

返口 表布（正面）
裡布（背面）
翻回正面
表布（正面）
縫上2.5cm釦子
熨燙薄布襯（直接剪裁）
車縫
剪去多餘鋪棉
車縫壓線

釦絆接縫至前側

將包好布的磁釦縫合固定
裡布（正面）
2.3
包邊用布
6
2.5
車縫
前側裡布（正面）
包覆縫份以藏針縫縫合

[材料]

前側…灰色法蘭絨（含上側邊・下側邊）110×35cm、後側…灰色先染格紋（含口袋）60×35cm、貼布繡用布…使用零碼布（含耳絆・拉鍊裝飾布）、裡布・鋪棉各110×55cm、滾邊（斜紋布條）…藍色格紋3.5×25cm、包覆用斜紋布條2.5×210cm、布襯100×40cm、30cm拉鍊1條、提

把1組、直徑2cm串珠1個、直徑0.3cm圓繩10cm、5號・25號繡線各色・魚線各適量

[作法]

1　前側・後側表布各自重疊鋪棉與裡布，進行壓線。

2　在口袋布進行貼布繡與刺繡，製作表布。重疊鋪棉與裡布，進行壓線，袋

口加上滾邊。

3　口袋疊放於前側，疏縫固定。

4　製作側邊。上側邊裝上拉鍊，與下側邊接縫成輪狀。

5　前側・後側與上側邊・下側邊正面相對縫合，縫份以斜紋布條包覆。

6　組裝提把與拉鍊吊飾。

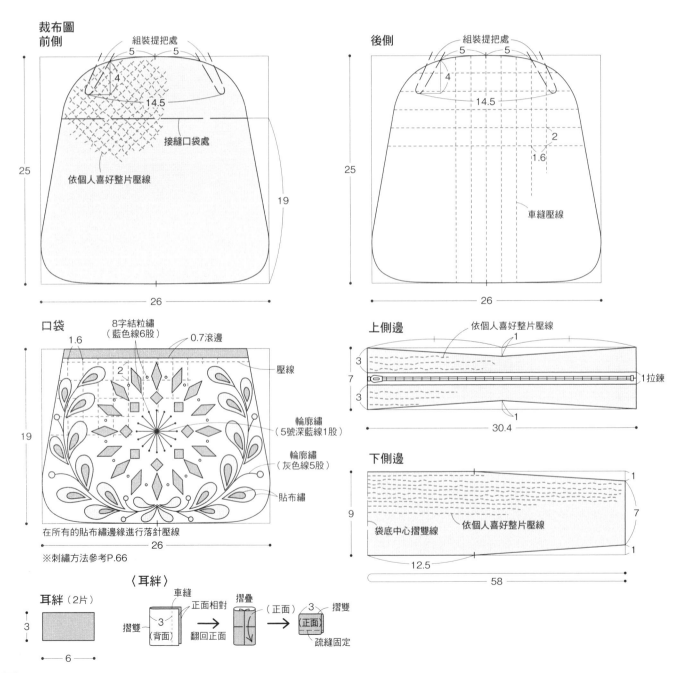

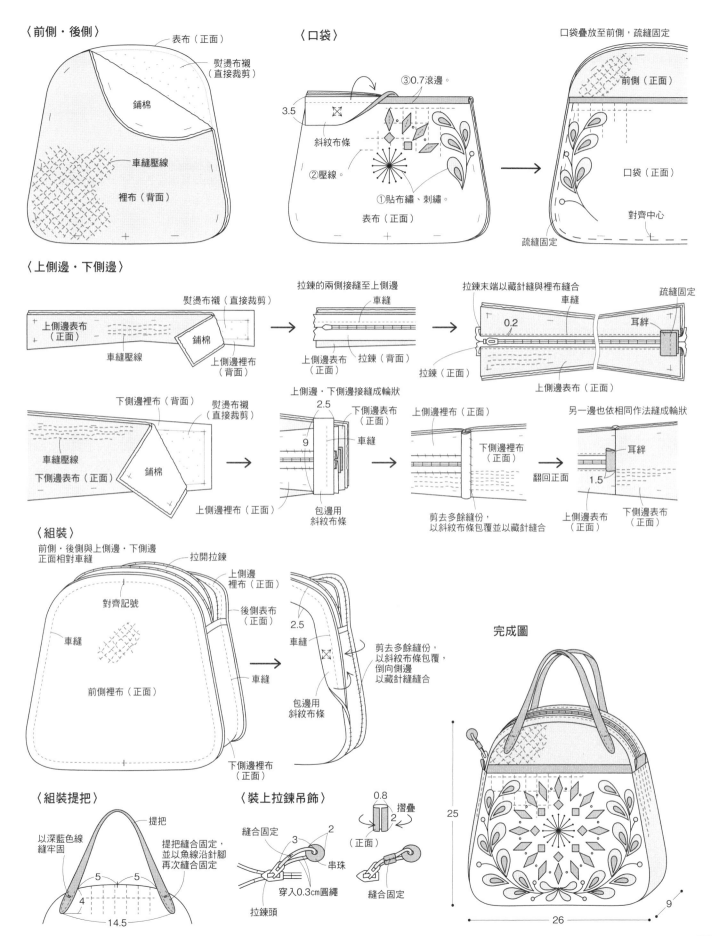

〈前側・後側〉

表布（正面）

熨燙布襯（直接裁剪）

鋪棉

車縫壓線

裡布（背面）

〈口袋〉

③0.7滾邊。

3.5

斜紋布條

②壓線。

①貼布繡、刺繡。

表布（正面）

口袋疊放至前側，疏縫固定

前側（正面）

口袋（正面）

對齊中心

疏縫固定

〈上側邊・下側邊〉

熨燙布襯（直接裁剪）

上側邊表布（正面）

車縫壓線

鋪棉

上側邊裡布（背面）

拉鍊的兩側接縫至上側邊

車縫

上側邊表布（正面）

拉鍊（背面）

拉鍊末端以藏針縫與裡布縫合

車縫

0.2

疏縫固定

耳絆

拉鍊（正面）

上側邊表布（正面）

下側邊裡布（背面）

熨燙布襯（直接裁剪）

車縫壓線

下側邊表布（正面）

鋪棉

上側邊裡布（正面）

上側邊・下側邊接縫成輪狀

2.5

9

下側邊表布（正面）

車縫

包邊用斜紋布條

上側邊裡布（正面）

下側邊裡布（正面）

剪去多餘縫份，以斜紋布條包覆並以藏針縫縫合

另一邊也依相同作法縫成輪狀

耳絆

翻回正面

1.5

上側邊表布（正面）

下側邊表布（正面）

〈組裝〉

前側・後側與上側邊・下側邊正面相對車縫

拉開拉鍊

上側邊裡布（正面）

對齊記號

後側表布（正面）

車縫

2.5

車縫

前側裡布（正面）

車縫

包邊用斜紋布條

下側邊裡布（正面）

剪去多餘縫份，以斜紋布條包覆，倒向側邊以藏針縫縫合

完成圖

25

26

9

〈組裝提把〉

提把

以深藍色線縫牢固

提把縫合固定，並以魚線沿針腳再次縫合固定

5   5

4

14.5

〈裝上拉鍊吊飾〉

縫合固定

3   2

串珠

穿入0.3cm圓繩

拉鍊頭

0.8

摺疊

2

（正面）

縫合固定

4 小鳥肩背包 ——— p.012 紙型A面

[材料]

前側B・後側…灰色先染直條紋（含上側邊・下側邊・口袋・口袋蓋）110×60cm、貼布繡用布…使用零碼布（含前側A・背帶・吊耳）、裡布（含夾層）110×60cm、鋪棉90×60cm、滾邊（斜紋布條）…灰色先染格紋3.5×25cm、包邊用斜紋布條2.5×200cm、19cm・30cm拉鍊各1條、4cm亞克力織帶150cm、0.5cm布條15cm、直徑0.15cm圓繩20cm、串珠1個、4cm日型環・口形環各1個、磁釦2組、布

襯40×10cm、薄布襯30×30cm、厚布襯60×10cm、雙膠襯棉30×30cm、25號繡線各色適量

[作法]

1 在口袋與口袋蓋C・D表布進行貼布繡與刺繡。

2 參考圖示，各配件的表布重疊鋪棉與裡布，進行壓線。

3 將口袋縫至裝上拉鍊的前側A・B，夾層背面相對疊至裡側，四周以疏縫固定。

4 在裝好拉鍊的上側邊疏縫固定吊耳與肩帶，背面相對與下側邊縫合成輪狀。

5 前側、後側，以及上側邊・下側邊，各自背面相對疊合車縫，縫份以斜紋布條包邊。

6 製作口袋袋蓋，接縫至5，再縫上以同塊布料包覆的磁釦。

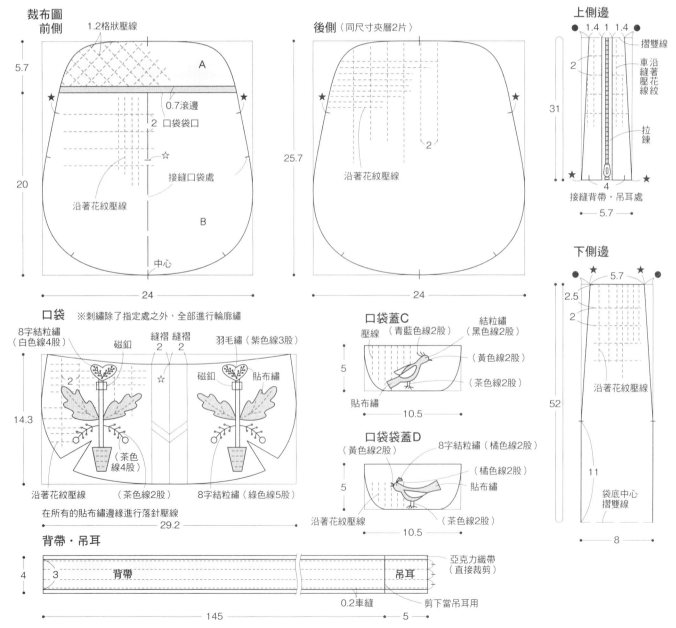

072

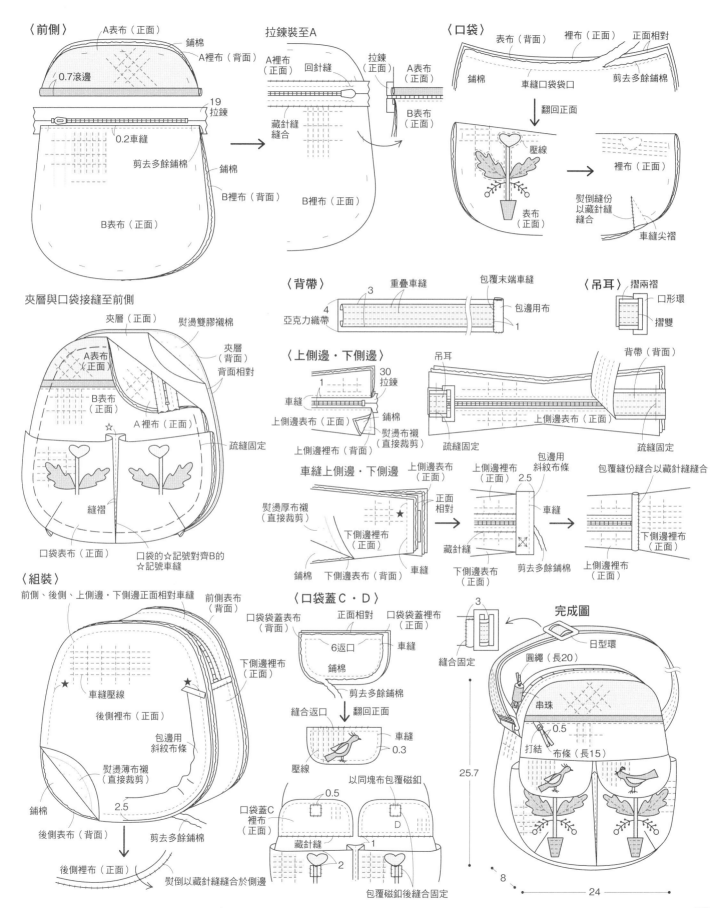

〈前側〉
A表布（正面）
鋪棉
A裡布（背面）
0.7滾邊
19拉鍊
0.2車縫
剪去多餘鋪棉
鋪棉
B裡布（背面）
B表布（正面）
B裡布（正面）

拉鍊裝至A
A裡布（正面）
回針縫
拉鍊（正面）
A表布（正面）
藏針縫縫合
B表布（正面）

〈口袋〉
表布（背面）
裡布（正面）
正面相對
鋪棉
車縫口袋袋口
剪去多餘鋪棉
翻回正面
壓線
表布（正面）
裡布（正面）
熨倒縫份以藏針縫縫合
車縫尖褶

夾層與口袋接縫至前側
夾層（正面）
熨燙雙膠襯棉
夾層（背面）
A表布（正面）
背面相對
B表布（正面）
A裡布（正面）
疏縫固定
縫褶
口袋表布（正面）
口袋的☆記號對齊B的☆記號車縫

〈背帶〉
3
重疊車縫
包覆末端車縫
4
亞克力織帶
包邊用布
1

〈吊耳〉
摺兩褶
口形環
摺雙

〈上側邊・下側邊〉
30拉鍊
1
車縫
鋪棉
上側邊表布（正面）
熨燙布襯（直接裁剪）
上側邊裡布（背面）

吊耳
背帶（背面）
上側邊表布（正面）
疏縫固定
疏縫固定

車縫上側邊・下側邊
熨燙厚布襯（直接裁剪）
上側邊表布（正面）
★
下側邊裡布（正面）
鋪棉
下側邊表布（背面）
車縫
上側邊裡布（正面）
包邊用斜紋布條
2.5
正面相對
車縫
藏針縫
下側邊表布（正面）
剪去多餘鋪棉
包覆縫份縫合以藏針縫縫合
上側邊裡布（正面）
下側邊裡布（正面）

〈組裝〉
前側、後側、上側邊・下側邊正面相對車縫
前側表布（背面）
下側邊裡布（正面）
★
★
車縫壓線
後側裡布（正面）
包邊用斜紋布條
熨燙薄布襯（直接裁剪）
2.5
鋪棉
後側表布（背面）
剪去多餘鋪棉
後側裡布（正面）
熨倒以藏針縫縫合於側邊

〈口袋蓋C・D〉
口袋袋蓋表布（背面）
正面相對
口袋袋蓋裡布（正面）
6返口
車縫
鋪棉
剪去多餘鋪棉
縫合返口
翻回正面
車縫 0.3
壓線
以同塊布包覆磁釦
0.5
口袋蓋C裡布（正面）
藏針縫
D
1
2
包覆磁釦後縫合固定

3
縫合固定

完成圖
日型環
圓繩（長20）
串珠
0.5
打結
布條（長15）
25.7
8
24

073

[材料]

底布…茶色格紋110×60cm、貼布繡用布…使用零碼布（含固定磁釦吊耳）、側邊…先染格紋30×25cm、裡布・鋪棉各110×60cm、滾邊（斜紋布條）…先染直條紋3.5×80cm、包繩…芯用圓繩直徑0.3×170cm・先染格紋（斜紋布條）2.5×180cm、包邊用斜紋布條2.5×60cm、 3cm布條190cm、直徑2cm磁釦1組、厚布襯30×20cm、布襯70×30cm、25號繡線黑色適量

[作法]

1 在底布A・B・C・A'進行貼布繡與刺繡，製作前側表布。

2 前側A・B・C・A'各自重疊鋪棉與裡布，進行壓線。後側是在裡布的背面熨燙布襯後依相同作法縫製。

3 前側A・B正面相對疊合，中間夾入包繩車縫。依相同作法縫合C與A'。後側也是同樣的作法。

4 前側與後側正面相對疊合，車縫袋底，整理縫份。

5 前側・後側的袋口進行滾邊。

6 製作側邊，與前側・後側背面相對疊合車縫。

7 將布條縫合固定在本體與側邊的縫份，並續縫把手部分。

8 製作磁釦，組裝於前側・後側的內側。

裁布圖　※A・B・C・A'各對應1片後側（不進行刺繡）

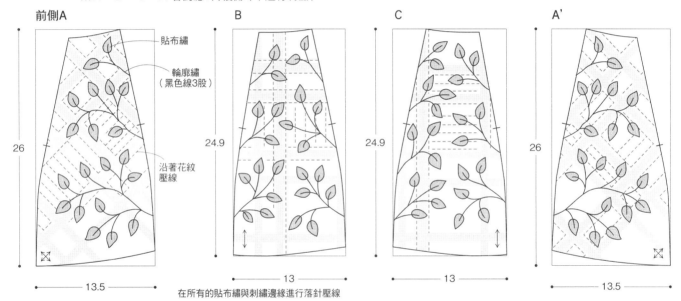

前側A

貼布繡
輪廓繡（黑色線3股）
沿著花紋壓線

26

13.5

B

24.9

13

在所有的貼布繡與刺繡邊緣進行落針壓線

C

24.9

13

A'

26

13.5

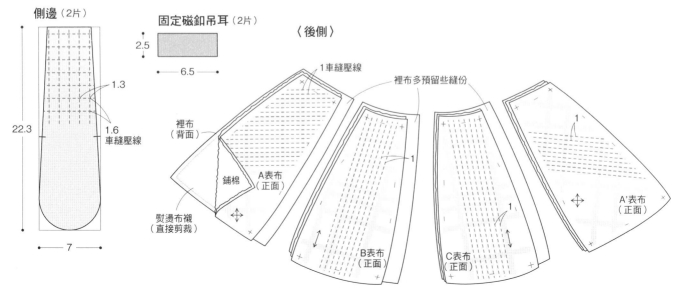

側邊（2片）

22.3

1.3

1.6 車縫壓線

7

固定磁釦吊耳（2片）

2.5

6.5

〈後側〉

1車縫壓線
裡布多預留些縫份

裡布（背面）
鋪棉
熨燙布襯（直接剪裁）
A表布（正面）
B表布（正面）
C表布（正面）
A'表布（正面）

1

1

1

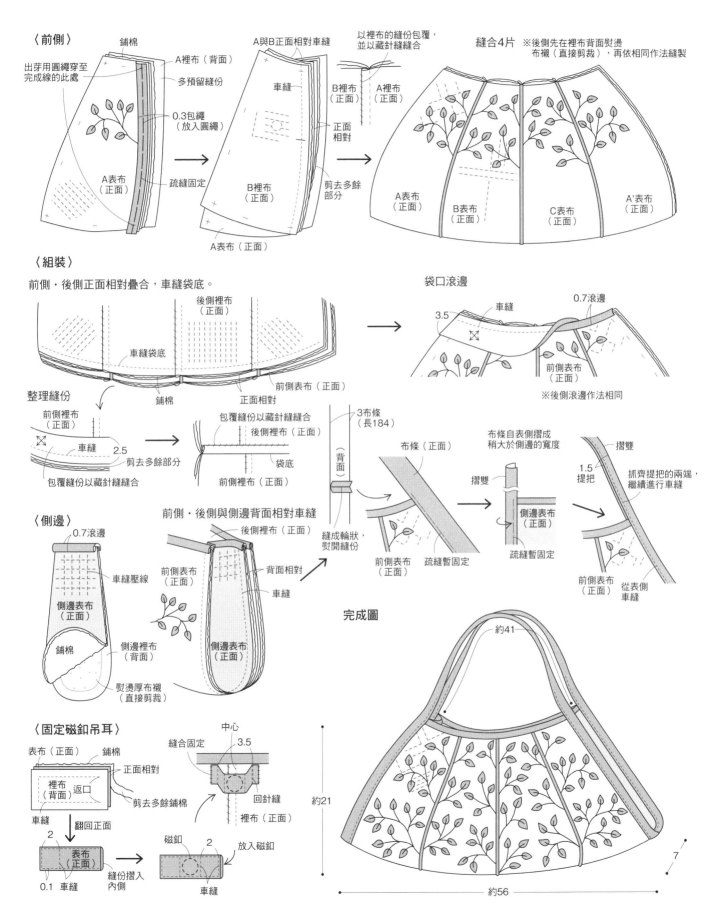

〈前側〉

出芽用圓繩穿至
完成線的此處
鋪棉
A裡布（背面）
多預留縫份
0.3包繩
（放入圓繩）
A表布（正面）
疏縫固定

A與B正面相對車縫
車縫
B裡布（正面）
A裡布（正面）
正面相對
B裡布（正面）
剪去多餘部分
A表布（正面）

以裡布的縫份包覆，
並以藏針縫縫合
B裡布（正面）　A裡布（正面）

縫合4片　※後側先在裡布背面熨燙
布襯（直接剪裁），再依相同作法縫製
A表布（正面）　B表布（正面）　C表布（正面）　A'表布（正面）

〈組裝〉

前側‧後側正面相對疊合，車縫袋底。
後側裡布（正面）
車縫袋底
鋪棉
正面相對
前側表布（正面）

整理縫份
前側裡布（正面）
車縫　2.5
剪去多餘部分
包覆縫份以藏針縫縫合

包覆縫份以藏針縫縫合
後側裡布（正面）
袋底
前側裡布（正面）

袋口滾邊
車縫
3.5
0.7滾邊
前側表布（正面）
※後側滾邊作法相同

〈側邊〉

0.7滾邊
車縫壓線
側邊表布（正面）
鋪棉
側邊裡布（背面）
熨燙厚布襯（直接剪裁）

前側‧後側與側邊背面相對車縫
後側裡布（正面）
前側表布（正面）
背面相對
車縫
側邊表布（正面）

3布條（長184）
（背面）
縫成輪狀，熨開縫份

布條（正面）
前側表布（正面）
疏縫暫固定

布條自表側摺成
稍大於側邊的寬度
摺雙
側邊表布（正面）
疏縫暫固定

1.5提把
抓齊提把的兩端，繼續進行車縫
摺雙
前側表布（正面）
從表側車縫

完成圖

〈固定磁釦吊耳〉

表布（正面）
鋪棉
裡布（背面）
返口
正面相對
剪去多餘鋪棉
車縫

翻回正面
2
表布（正面）
0.1　車縫

中心
縫合固定　3.5
回針縫
裡布（正面）

磁釦　2
放入磁釦
車縫
縫份摺入內側

約41
約21
約56
7

6 採摘野花手提包 ⸺ p.016　紙型A面

[材料]
拼布・貼布繡用布…灰色格紋法蘭絨（含拉鍊裝飾布・側邊・袋底）110×20cm・茶色格紋法蘭絨（含側邊・袋底）110×20cm・使用零碼布、前側・後側…米褐格紋法蘭絨（含包釦布）80×25cm、提把…深灰先染40×15cm、裡布・鋪棉各80×55cm、滾邊（斜紋布條）…3.5×35cm2條・3.5×70cm1條、3.8×130cm1

條、30cm・33cm長拉鍊各1條、 2cm布條80cm、薄布襯40×40cm、厚布襯15×55cm、直徑2cm磁釦1組、木串珠2個、25號繡線黑色・茶色各適量

[作法]
1　進行貼布繡與刺繡，製作前側・後側口袋表布。

2　本體與2各自進行壓線，並於上方滾邊。

3　口袋接縫至本體前側。

4　拉鍊裝至本體後側與口袋。

5　製作提把，接縫至本體。

6　製作側邊・袋底。

7　本體與側邊・袋底背面相對縫合，整理縫份。

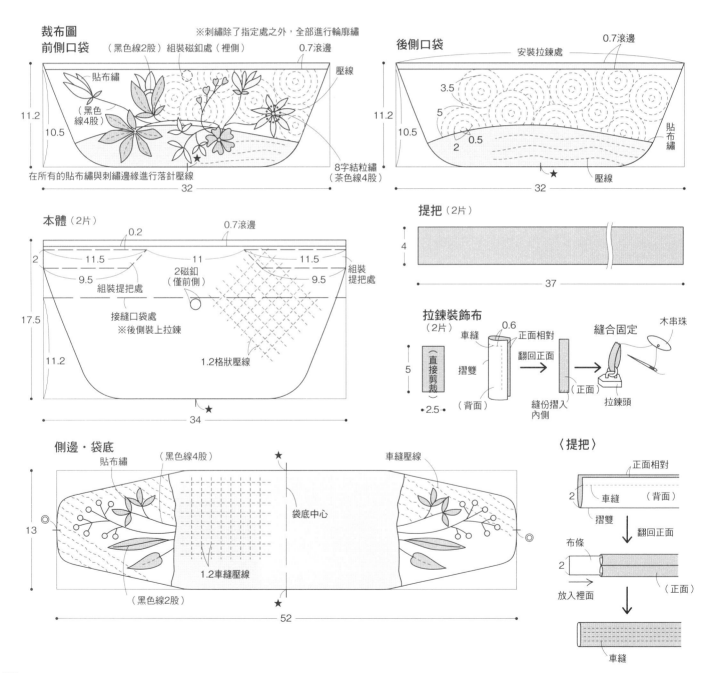

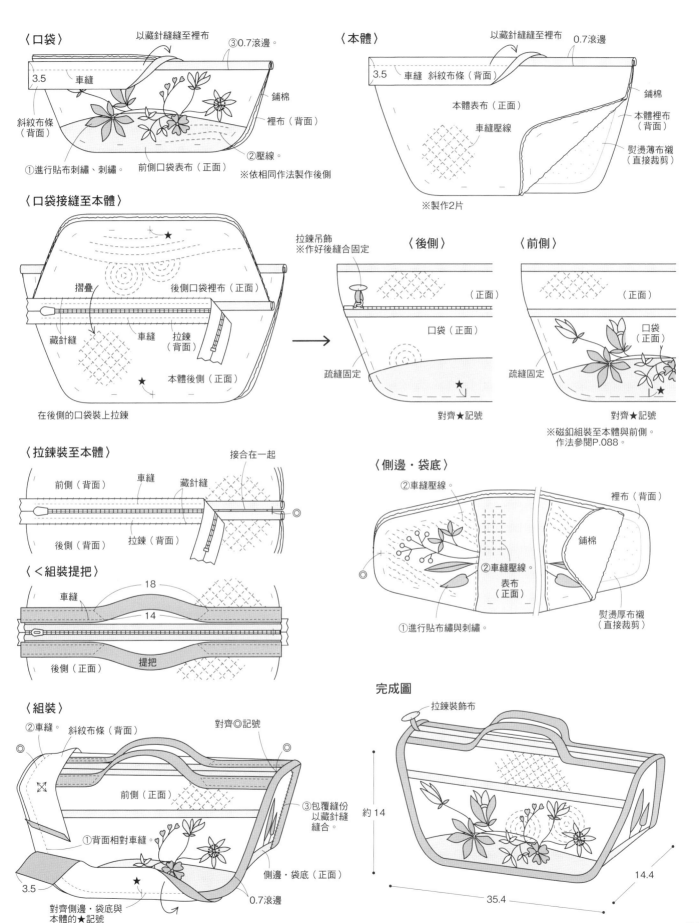

〈口袋〉
以藏針縫縫至裡布
③0.7滾邊。
3.5
車縫
斜紋布條（背面）
①進行貼布刺繡、刺繡。
前側口袋表布（正面）
②壓線。
鋪棉
裡布（背面）
※依相同作法製作後側

〈本體〉
以藏針縫縫至裡布
0.7滾邊
3.5
車縫 斜紋布條（背面）
本體表布（正面）
車縫壓線
鋪棉
本體裡布（背面）
熨燙薄布襯（直接裁剪）
※製作2片

〈口袋接縫至本體〉
摺疊
後側口袋裡布（正面）
藏針縫
車縫
拉鍊（背面）
本體後側（正面）
在後側的口袋裝上拉鍊

拉鍊吊飾
※作好後縫合固定

〈後側〉
（正面）
口袋（正面）
疏縫固定
★
對齊★記號

〈前側〉
（正面）
口袋（正面）
疏縫固定
★
對齊★記號
※磁釦組裝至本體與前側。
作法參閱P.088。

〈拉鍊裝至本體〉
接合在一起
前側（背面）
車縫
藏針縫
後側（背面）
拉鍊（背面）

〈＜組裝提把〉
18
車縫
14
後側（正面）
提把

〈側邊・袋底〉
②車縫壓線。
裡布（背面）
鋪棉
②車縫壓線。
表布（正面）
①進行貼布繡與刺繡。
熨燙厚布襯（直接裁剪）

〈組裝〉
②車縫。
斜紋布條（背面）
對齊◎記號
前側（正面）
③包覆縫份以藏針縫縫合。
①背面相對車縫
3.5
側邊・袋底（正面）
0.7滾邊
對齊側邊・袋底與本體的★記號

完成圖
拉鍊裝飾布
約14
35.4
14.4

7 湯杯造型化妝包 ┈┈ p.018 紙型A面

[材料]
底布・貼布繡用布…紅色格紋法蘭絨
30×25cm・使用零碼布（含袋底・提把・
拉鍊檔布）裡布・鋪棉各40×30cm、45cm
組合式拉鍊1條、拉鍊頭1個、布襯適量

[作法]
1 在底布進行貼布繡，製作表布，與裡
布正面相對，重疊鋪棉，車縫袋底側
與袋口側，翻回正面，進行壓線。
2 本體袋口裝上拉鍊，正面相對摺疊，
車縫脇邊。

3 整理脇邊的縫份與拉鍊末端，接縫上
袋底。
4 對稱的製作提把，以藏針縫固定於兩
側。

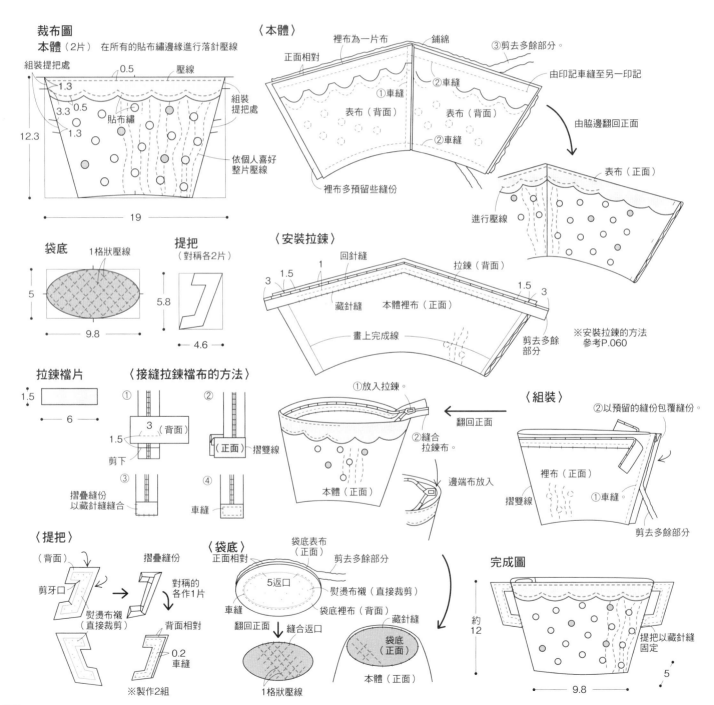

[材料]

拼布用布…使用零碼布（本體・袋底・外盒底・外盒側面裡布）、串珠3個、塑膠板10×10cm、灰色燭芯線・布襯・棉花各適量

[作法]

1 縫合6片針插本體表布，與已熨燙上布襯的袋底正面相對縫合，翻回正面，塞入棉花，作成針插。

2 製作外盒的6片側面，再一一與熨燙上布襯的六邊形盒底縫合。

3 翻回正面，立起側面，以藏針縫縫合相鄰側面，製成盒形，最後放入插針。

裁布圖

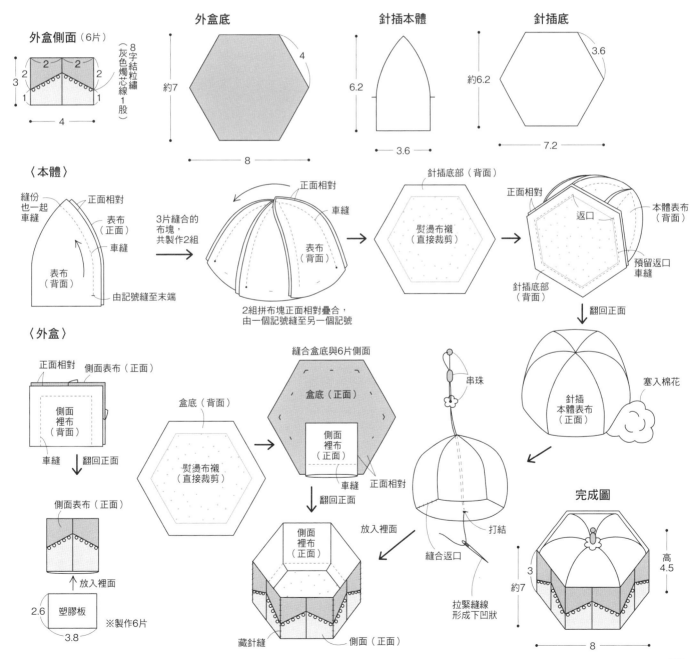

[材料]

底布…淺灰印花60×30cm、貼布繡用布…使用零碼布、側面…灰色印花（含口袋裡布）50×35cm、口袋…深藍印花40×25cm、袋底…黑色條紋30×20cm、底布…30×20cm、裡布（含內口袋）110×70cm、鋪棉110×60cm、滾邊（斜紋布條）…先染直條紋3.5×120cm・茶色先染格紋3.5×35cm、寬2.5cm黑色布條170cm、厚布襯30×30cm、25號繡線各色・雙膠襯棉各適量

[作法]

1 在底布進行貼布繡與刺繡，製作2片本體表布，再各自重疊鋪棉與裡布，進行壓線。

2 依本體作法製作各配件，除了袋底之外，皆於上方進行滾邊。

3 將內口袋各自疏縫固定於2片本體上。

4 將口袋疏縫固定於2片側面上。

5 本體與側面背面相對縫合成輪狀。

6 5的縫份倒向側面，重疊布條車縫，製作提把。

7 6與袋底正面相對疊合車縫，袋底裡布以藏針縫與內側縫合。

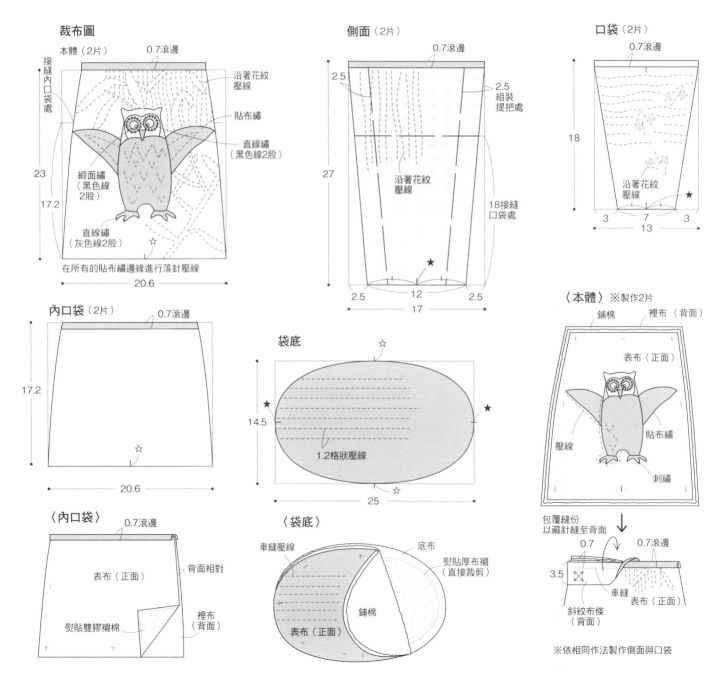

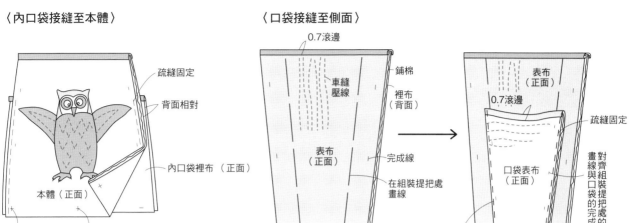

〈內口袋接縫至本體〉

疏縫固定
背面相對
內口袋裡布（正面）
本體（正面）
對齊記號
☆

〈口袋接縫至側面〉

0.7滾邊
車縫壓線
鋪棉
裡布（背面）
完成線
在組裝提把處畫線
表布（正面）
★

表布（正面）
0.7滾邊
疏縫固定
口袋表布（正面）
對齊組裝提把處的完成線
畫線與組裝口袋的完成線
疏縫固定
對齊★記號

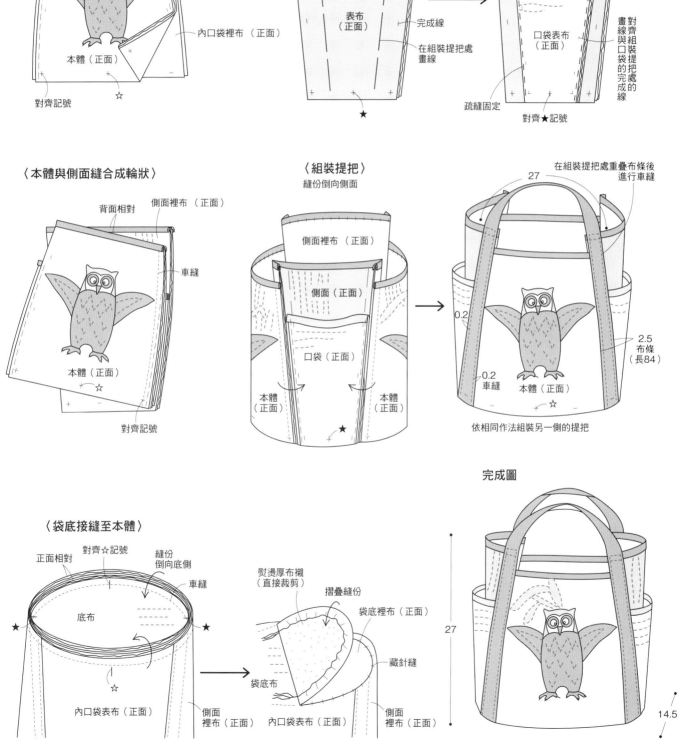

〈本體與側面縫合成輪狀〉

背面相對
側面裡布（正面）
車縫
本體（正面）
對齊記號
☆

〈組裝提把〉

縫份倒向側面

側面裡布（正面）
側面（正面）
口袋（正面）
本體（正面）
本體（正面）
★

在組裝提把處重疊布條後進行車縫
27
0.2
0.2車縫
2.5布條（長84）
本體（正面）
☆

依相同作法組裝另一側的提把

〈袋底接縫至本體〉

正面相對
對齊☆記號
縫份倒向底側
車縫
底布
★
★
內口袋表布（正面）
側面裡布（正面）
☆

熨燙厚布襯（直接裁剪）
摺疊縫份
袋底裡布（正面）
藏針縫
袋底布
內口袋表布（正面）
側面裡布（正面）

完成圖

27
14.5
25

10 花＆藤編圖案手提包 .... p.024 紙型A面

[材料]
底布…米褐先染起毛格紋80×50cm．灰色先染80×25cm、貼布繡用布…茶色印花110×35cm（含提把）．使用零碼布、裡布110×50cm、鋪棉110×40cm、滾邊（斜紋布條）…茶色印花3.5×70cm、包繩…芯用圓繩直徑0.2×140cm．茶色印花（斜紋布條）2.5×140cm、包邊用斜紋布條2.5×140cm、包邊用布條2.5×30cm、

薄布襯55×40cm、25號繡線各色適量

[作法]
1 在底布進行貼布繡與刺繡，製作前側與2片側邊。
2 1和後側各自重疊鋪棉與裡布進行壓線。後側裡布的底側縫份預留多一些。

3 將包繩疏縫固定於側邊。
4 前側・後側正面相對疊合，車縫袋底，以預留的後側裡布包覆縫份。
5 4與側邊正面相對疊合車縫，以斜紋布條整理縫份。
6 在5的袋口進行滾邊。
7 製作提把，接縫於前側・後側的內側。

裁布圖

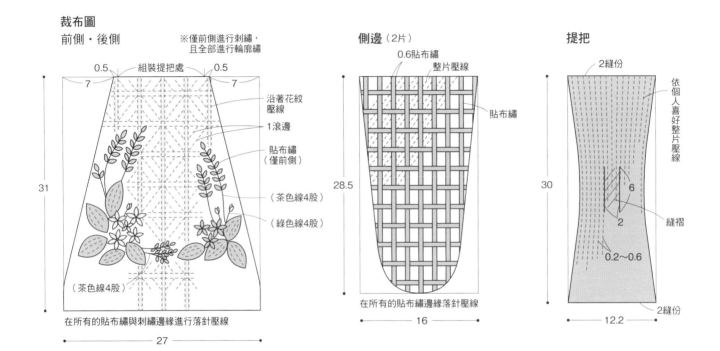

〈側邊的貼布繡作法〉

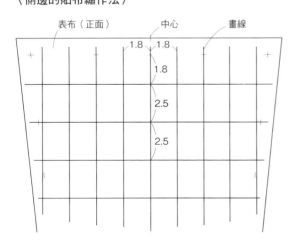

製作布條

由中心縱橫交錯配置布條

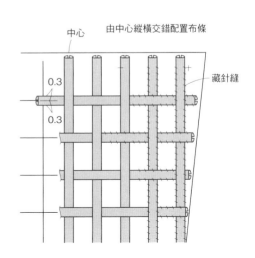

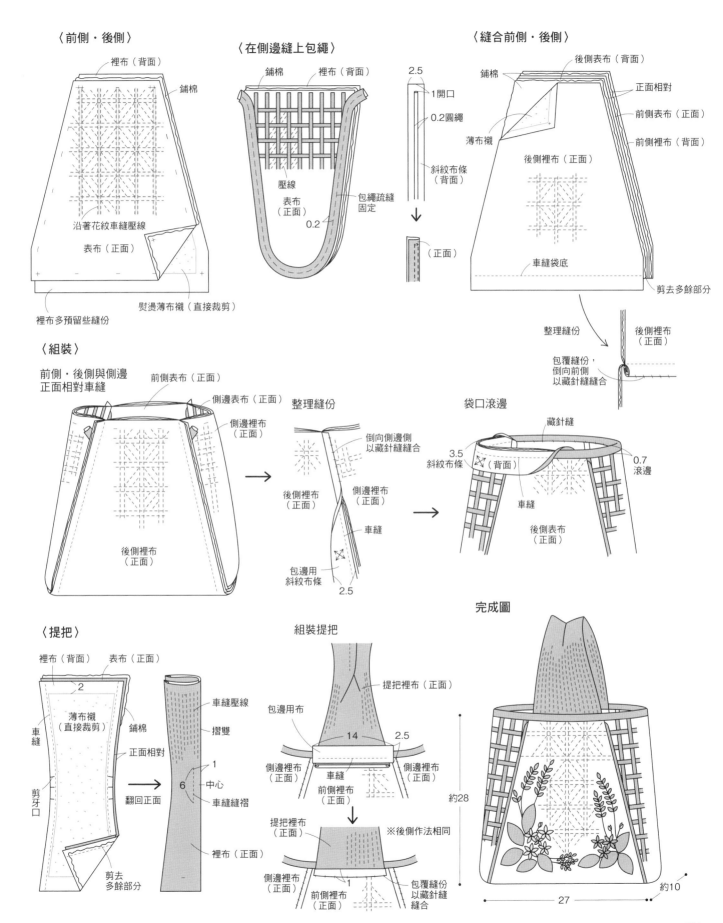

〈前側・後側〉

裡布（背面）
鋪棉
沿著花紋車縫壓線
表布（正面）
裡布多預留些縫份
熨燙薄布襯（直接裁剪）

〈在側邊縫上包繩〉

鋪棉　裡布（背面）
壓線
表布（正面）
0.2
包繩疏縫固定

2.5
1開口
0.2圓繩
斜紋布條（背面）
（正面）

〈縫合前側・後側〉

鋪棉
後側表布（背面）
正面相對
前側表布（正面）
前側裡布（背面）
後側裡布（正面）
車縫袋底
剪去多餘部分

整理縫份
後側裡布（正面）
包覆縫份，倒向前側以藏針縫縫合

〈組裝〉

前側・後側與側邊正面相對車縫
前側表布（正面）
側邊表布（正面）
側邊裡布（正面）
後側裡布（正面）

整理縫份
倒向側邊側以藏針縫縫合
後側裡布（正面）
側邊裡布（正面）
車縫
包邊用斜紋布條
2.5

袋口滾邊
藏針縫
斜紋布條（背面）
3.5
車縫
後側表布（正面）
0.7滾邊

〈提把〉

裡布（背面）　表布（正面）
2
薄布襯（直接裁剪）
鋪棉
車縫
正面相對
剪牙口
翻回正面
剪去多餘部分
車縫壓線
摺雙
車縫縫褶
中心
裡布（正面）
6
1

組裝提把
提把裡布（正面）
包邊用布
14　2.5
側邊裡布（正面）
車縫
前側裡布（正面）
側邊裡布（正面）
※後側作法相同
提把裡布（正面）
側邊裡布（正面）
前側裡布（正面）
1
包覆縫份以藏針縫縫合

完成圖
約28
27
約10

[材料]

拼布・貼布繡用布…使用包含先染布的零碼布（含側邊・拉鍊檔布）、裡布・鋪棉各30×30㎝、滾邊（斜紋布條）…灰色先染格紋3.5×60㎝、寬2.5㎝混麻布條51㎝、圓繩直徑0.3×14㎝、20㎝拉鍊1條、布襯20×10㎝、25號繡線各色適量

1 拼接布片、貼布繡、及進行刺繡，製作本體表布。
2 本體與側邊表布各自重疊鋪棉與裡布，進行壓線。
3 本體與側邊背面相對疊合滾邊，整理縫份。
4 本體的袋口縫上拉鍊。
5 製作提把，袋口包邊。
6 拉鍊邊布包邊完成。

[作法]

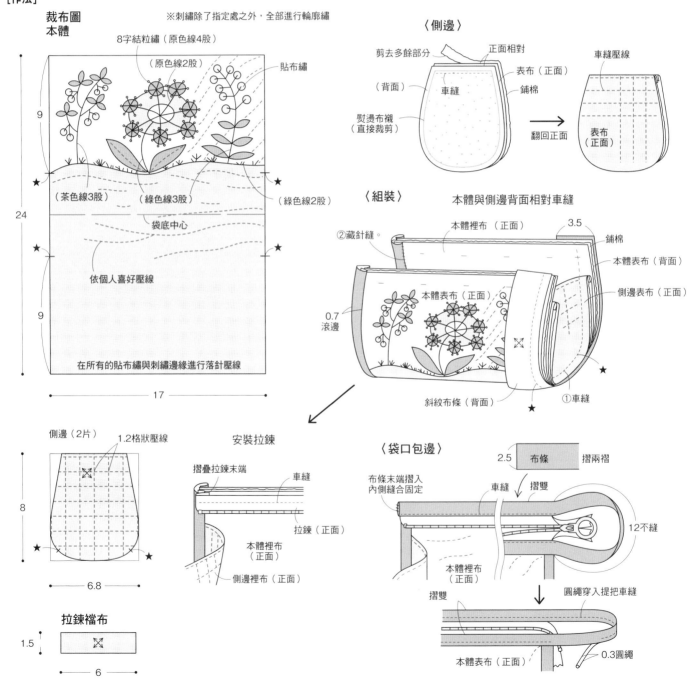

裁布圖
本體

※刺繡除了指定處之外，全部進行輪廓繡

8字結粒繡（原色線4股）
（原色線2股）
貼布繡
9
（茶色線3股）　（綠色線3股）　（綠色線2股）
袋底中心
24
依個人喜好壓線
9
在所有的貼布繡與刺繡邊緣進行落針壓線
17

〈側邊〉
剪去多餘部分
正面相對
車縫壓線
（背面）
表布（正面）
車縫
鋪棉
熨燙布襯（直接裁剪）
翻回正面
表布（正面）

〈組裝〉　　本體與側邊背面相對車縫
②藏針縫。
本體裡布（正面）
3.5
鋪棉
本體表布（背面）
側邊表布（正面）
0.7滾邊
本體表布（正面）
斜紋布條（背面）
①車縫

側邊（2片）
1.2格狀壓線
8
6.8

拉鍊檔布
1.5
6

安裝拉鍊
摺疊拉鍊末端
車縫
拉鍊（正面）
本體裡布（正面）
側邊裡布（正面）

〈袋口包邊〉
2.5　布條　摺兩褶
布條末端摺入內側縫合固定
車縫
摺雙
12不縫
本體裡布（正面）
摺雙
本體表布（正面）
圓繩穿入提把車縫
本體表布（正面）
0.3圓繩

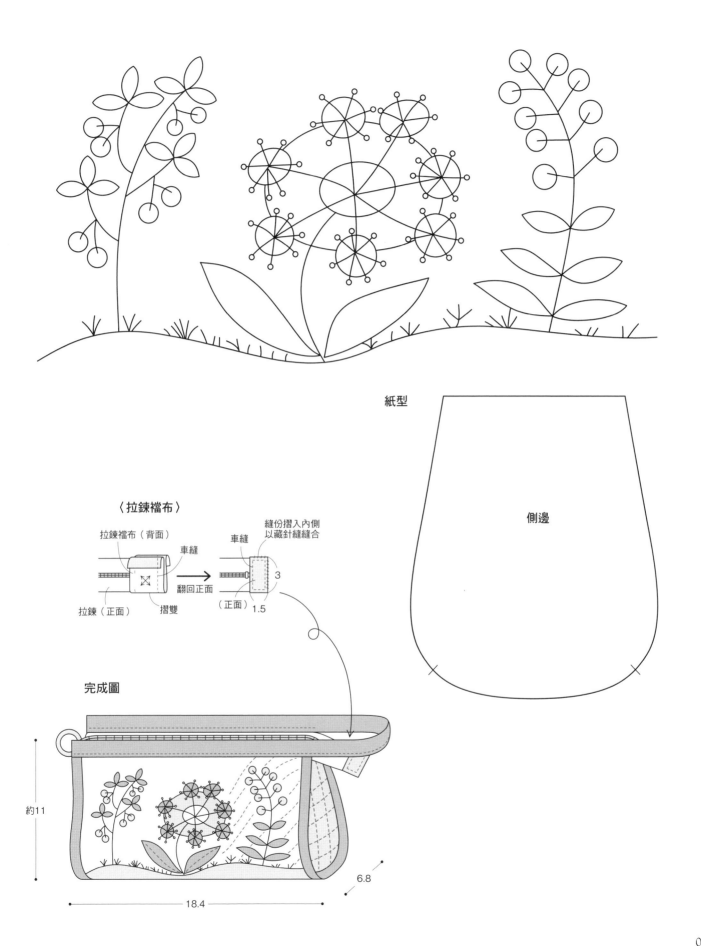

紙型

側邊

〈拉鍊檔布〉

拉鍊檔布（背面）

車縫

縫份摺入內側
以藏針縫縫合

車縫

翻回正面

拉鍊（正面）

摺雙

3

（正面）1.5

完成圖

約11

6.8

18.4

[材料]
拼布・貼布繡用布…使用零碼布（含提把）、口布・貼邊…灰色格紋法蘭絨80×30cm、袋底…灰色先染格紋25×15cm、裡布・鋪棉各110×45cm、墊布25×15cm、寬3cm布條48cm、厚布襯25×25cm、薄布襯25×10cm、雙膠襯棉21×11cm

[作法]
1 進行拼布與貼布繡，製作2片本體表布，各自重疊鋪棉與裡布，進行壓線。
2 2片本體正面相對車縫兩脇。以預留的裡布包覆縫份。
3 製作袋底。
4 本體與袋底正面相對縫合，縫份倒向底側。已熨燙上厚布襯與雙膠布襯的袋裡布以藏針縫縫至內側。
5 製作提把，疏縫於本體。
6 縫成輪狀的貼邊與本體正面相對疊合，車縫袋口。貼邊翻回正面，以藏針縫固定於內側。

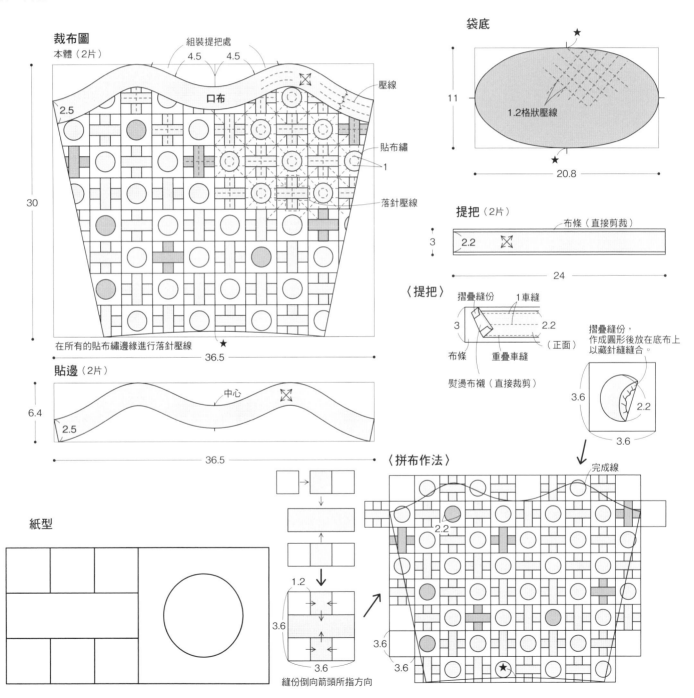

086

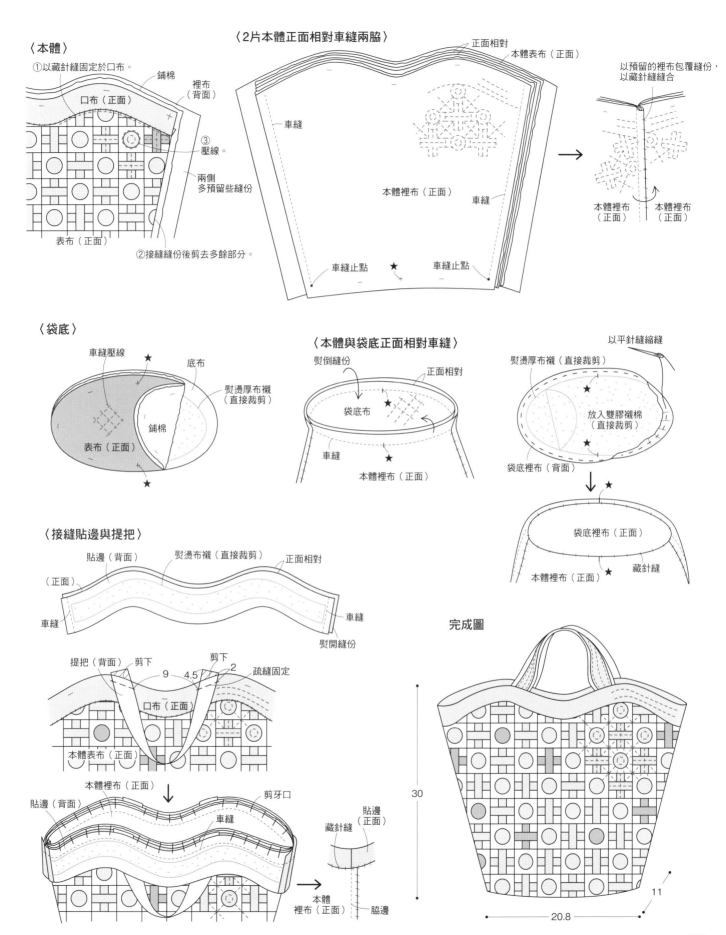

〈本體〉

〈2片本體正面相對車縫兩脇〉

①以藏針縫固定於口布。

鋪棉
裡布（背面）
口布（正面）

③壓線。

兩側多預留些縫份

表布（正面）

②接縫縫份後剪去多餘部分。

正面相對
本體表布（正面）

車縫

本體裡布（正面）

車縫

車縫止點 ★

車縫止點

以預留的裡布包覆縫份，以藏針縫縫合

本體裡布（正面）
本體裡布（正面）

〈袋底〉

車縫壓線 ★
底布
熨燙厚布襯（直接裁剪）

鋪棉

表布（正面）

★

〈本體與袋底正面相對車縫〉

熨倒縫份
正面相對

袋底布 ★

車縫 ★

本體裡布（正面）

以平針縫縮縫

熨燙厚布襯（直接裁剪）

放入雙膠襯棉（直接裁剪）

袋底裡布（背面）

★

袋底裡布（正面）

本體裡布（正面） ★ 藏針縫

〈接縫貼邊與提把〉

貼邊（背面）
熨燙布襯（直接裁剪）
正面相對

（正面）

車縫

車縫

熨開縫份

提把（背面） 剪下 剪下 疏縫固定
9 4.5 2

口布（正面）

本體表布（正面）

本體裡布（正面）
貼邊（背面）
剪牙口

車縫

藏針縫
貼邊（正面）

本體裡布（正面） 脇邊

完成圖

30

11

20.8

087

[材料]

拼布・貼布繡用布…使用零碼布、前側・後側…灰色先染（含側邊・袋底・袋蓋襠布・包釦布）80×45cm、裡布・鋪棉各90×40cm、底布40×35cm、包繩…芯用圓繩直徑0.4×90cm・先染直條紋（斜紋布條）2.5×90cm、包邊用斜紋布條2.5×180cm、薄布襯80×40cm、布襯75×5cm、寬3.8cm布條105cm、直徑2cm磁釦1組、雙膠襯棉適量

[作法]

1 製作袋蓋表布，重疊鋪棉與底布進行壓線。與裡布正面相對，中間夾入包繩車縫。翻回正面，將磁釦縫合固定。

2 前側・後側表布各自與裡布正面相對，重疊鋪棉進行壓線。車縫前側的尖褶。

3 袋蓋縫至後側。

4 夾入布條，製作側邊・袋底。

5 前側・後側與側邊・袋底正面相對縫合，整理縫份，縫上磁釦。

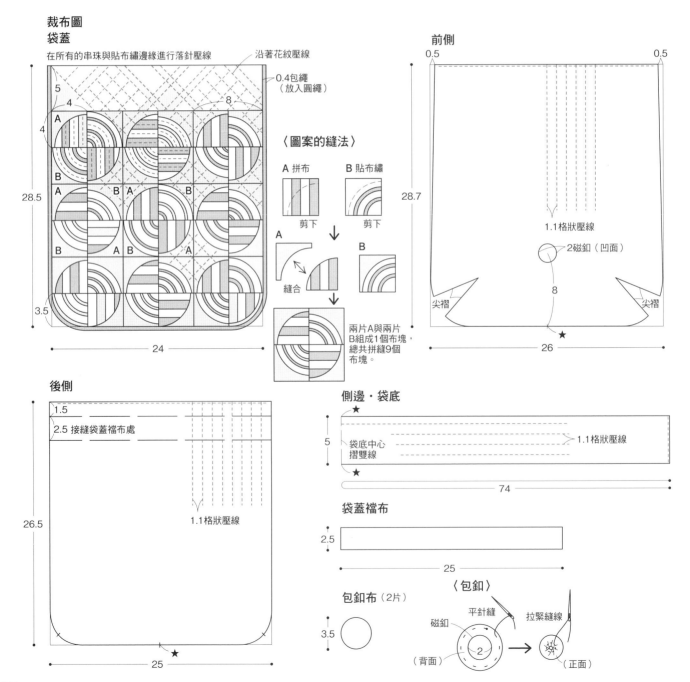

裁布圖
袋蓋
在所有的串珠與貼布繡邊緣進行落針壓線
沿著花紋壓線
0.4包繩（放入圓繩）
5
4
4
A B A B A B A B A B
28.5
3.5
24

〈圖案的縫法〉
A 拼布　B 貼布繡
剪下　剪下
A
縫合
A
B
兩片A與兩片B組成1個布塊，總共拼縫9個布塊。

前側
0.5　0.5
28.7
1.1格狀壓線
2磁釦（凹面）
8
尖褶　尖褶
26
★

後側
1.5
2.5 接縫袋蓋襠布處
1.1格狀壓線
26.5
25
★

側邊・袋底
★
5
袋底中心摺雙線
1.1格狀壓線
74
★

袋蓋襠布
2.5
25

包釦布（2片）
3.5

〈包釦〉
平針縫　拉緊縫線
磁釦
2
（背面）　（正面）

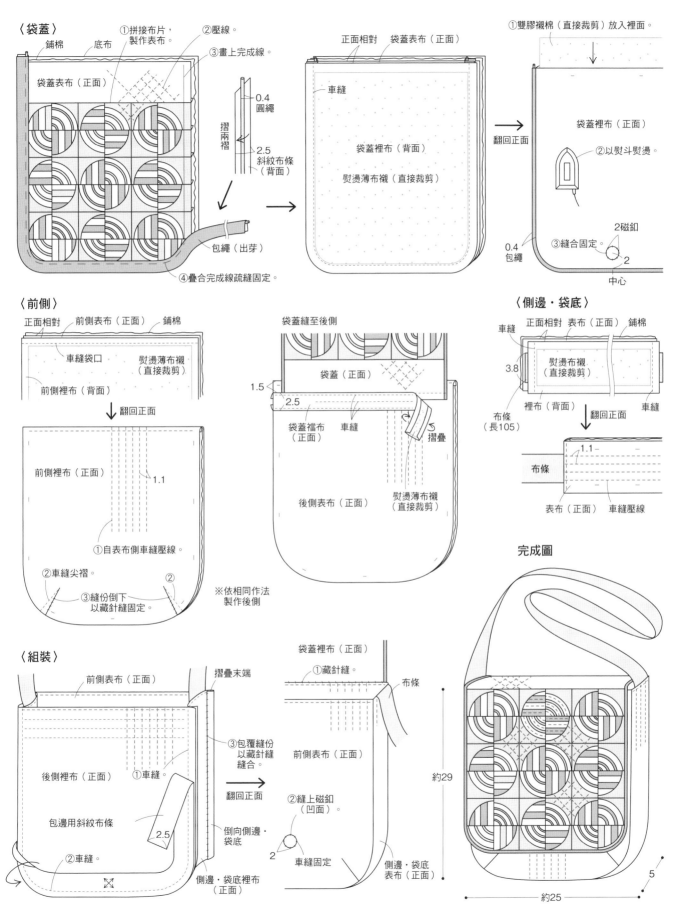

〈袋蓋〉

鋪棉　底布　①拼接布片，製作表布。　②壓線。　③畫上完成線。

袋蓋表布（正面）

0.4 圓繩

摺兩褶

2.5 斜紋布條（背面）

包繩（出芽）

④疊合完成線疏縫固定。

正面相對　袋蓋表布（正面）

車縫

袋蓋裡布（背面）

熨燙薄布襯（直接裁剪）

翻回正面

①雙膠襯棉（直接裁剪）放入裡面。

袋蓋裡布（正面）

②以熨斗熨燙。

2磁釦

0.4 包繩

③縫合固定。

2

中心

〈前側〉

正面相對　前側表布（正面）　鋪棉

車縫袋口　熨燙薄布襯（直接裁剪）

前側裡布（背面）

翻回正面

前側裡布（正面）

1.1

①自表布側車縫壓線。

②車縫尖褶。

②

③縫份倒下以藏針縫固定。

袋蓋縫至後側

袋蓋（正面）

1.5

2.5

袋蓋襠布（正面）　車縫

摺疊

後側表布（正面）

熨燙薄布襯（直接裁剪）

※依相同作法製作後側

〈側邊・袋底〉

車縫　正面相對　表布（正面）　鋪棉

3.8

熨燙布襯（直接裁剪）

裡布（背面）　車縫

布條（長105）

翻回正面

1.1

布條

表布（正面）　車縫壓線

完成圖

〈組裝〉

前側表布（正面）　摺疊末端

後側裡布（正面）　①車縫

包邊用斜紋布條

2.5

②車縫。

③包覆縫份以藏針縫縫合。

翻回正面

倒向側邊・袋底

側邊・袋底裡布（正面）

袋蓋裡布（正面）

①藏針縫。

布條

前側表布（正面）

②縫上磁釦（凹面）

2

車縫固定

側邊・袋底表布（正面）

約29

約25

5

[材料]

拼布用布…使用零碼布、本體…青灰先染（側邊・背帶表布・裡布・袋蓋襠布・包釦布・耳絆）80×80cm、裡布・鋪棉・薄布襯各80×70cm、底布40×40cm、包繩…芯用圓繩直徑0.4×90cm・先染格紋（斜紋布條）2.5×90cm、33cm長拉鍊1條、直徑2cm磁釦1組、寬1cmD型環1個、拉鍊裝飾布・拉鍊襠布・包釦布10×20cm、雙膠襯棉適量

[作法]

1 拼接布片，製作袋蓋表布，重疊鋪棉與底布進行壓線。與裡布正面相對，中間夾入包繩，與裡布正面相對車縫，翻回正面，將磁釦縫合固定。

2 製作本體，進行壓線。

3 拉鍊縫至本體的袋口，袋蓋縫至後側。

4 製作側邊・背帶。

5 本體與側邊・背帶背面相對疊合，穿入D型環，夾入耳絆，以藏針縫縫合。縫上磁釦。

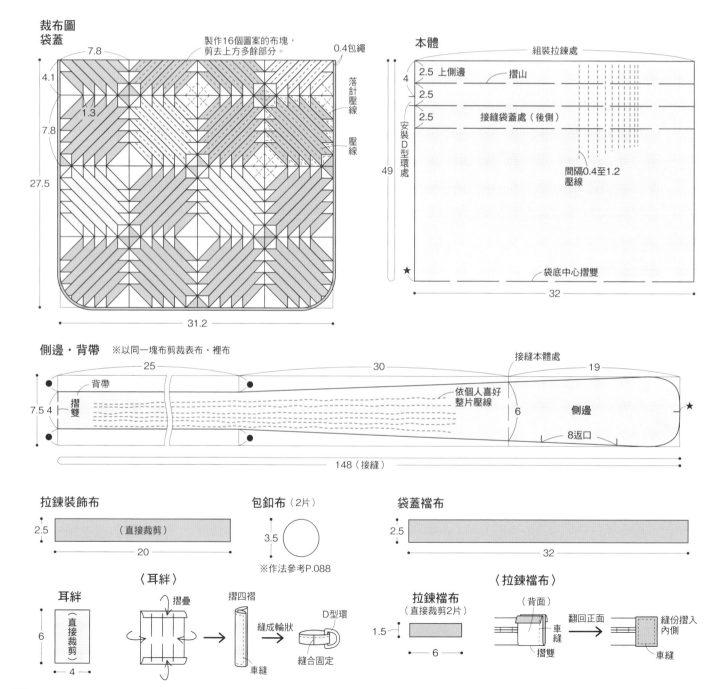

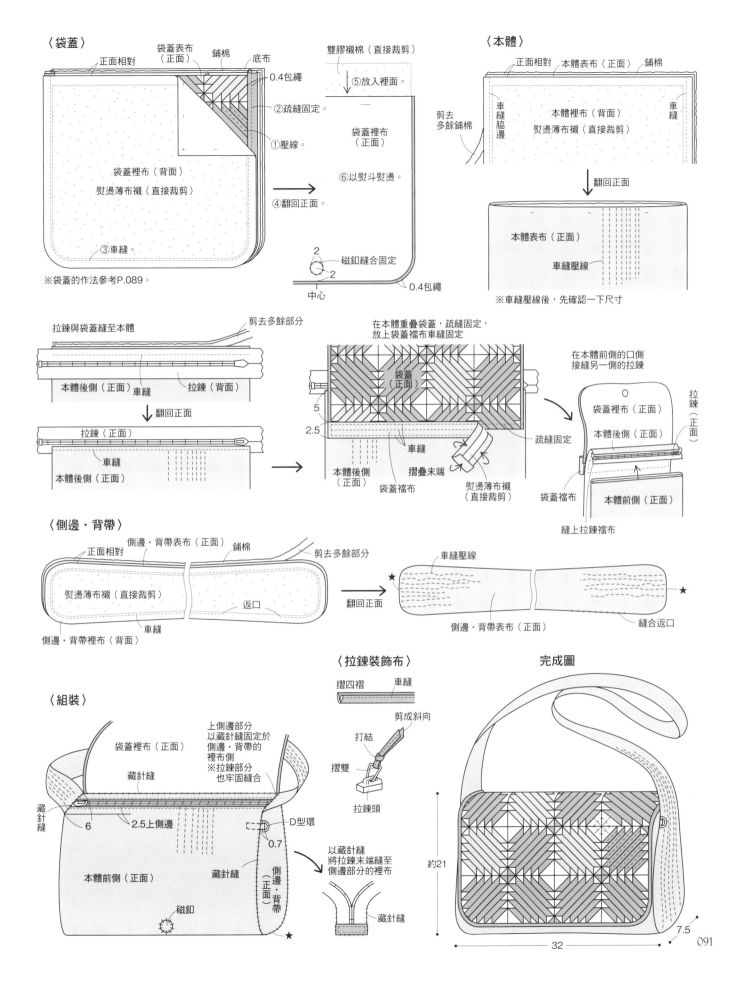

〈袋蓋〉

正面相對　袋蓋表布（正面）　鋪棉　底布

0.4包繩
②疏縫固定。
①壓線。

袋蓋裡布（背面）
熨燙薄布襯（直接裁剪）

③車縫。

※袋蓋的作法參考P.089。

雙膠襯棉（直接裁剪）
⑤放入裡面。

袋蓋裡布（正面）

⑥以熨斗熨燙。

④翻回正面。

2
2
磁釦縫合固定
中心
0.4包繩

〈本體〉

正面相對　本體表布（正面）　鋪棉

剪去多餘鋪棉

本體裡布（背面）
熨燙薄布襯（直接裁剪）

車縫脇邊
車縫

翻回正面

本體表布（正面）
車縫壓線

※車縫壓線後，先確認一下尺寸

拉鍊與袋蓋縫至本體

剪去多餘部分

本體後側（正面）車縫　拉鍊（背面）

翻回正面

拉鍊（正面）
車縫
本體後側（正面）

在本體重疊袋蓋，疏縫固定，
放上袋蓋襠布車縫固定

袋蓋（正面）

5
2.5
車縫
本體後側（正面）　摺疊末端
袋蓋襠布　熨燙薄布襯（直接裁剪）

在本體前側的口側
接縫另一側的拉鍊

袋蓋裡布（正面）
拉鍊（正面）
本體後側（正面）
疏縫固定
袋蓋襠布
本體前側（正面）
縫上拉鍊襠布

〈側邊・背帶〉

正面相對　側邊・背帶表布（正面）　鋪棉

剪去多餘部分

熨燙薄布襯（直接裁剪）
返口
側邊・背帶裡布（背面）　車縫

翻回正面

車縫壓線
★
側邊・背帶表布（正面）
★
縫合返口

〈組裝〉

袋蓋裡布（正面）
上側邊部分
以藏針縫固定於
側邊・背帶的
裡布側
※拉鍊部分
也牢固縫合

藏針縫
藏針縫
6
2.5上側邊
本體前側（正面）
磁釦
藏針縫
D型環
0.7
藏針縫
側邊・背帶（正面）
★

〈拉鍊裝飾布〉

摺四褶　車縫

剪成斜向
打結
摺雙
拉鍊頭

以藏針縫
將拉鍊末端縫至
側邊部分的裡布

藏針縫

完成圖

約21
32
7.5

四角拼接筆袋 p.031

[材料]
拼布用布…使用零碼布（含袋底・拉鍊襠布）、裡袋・底布・鋪棉各30×20cm、23cm拉鍊1條、寬18cm口金鐵框1組。

[作法]
1 拼接布片，製作本體表布，重疊底布與鋪棉進行壓線。摺兩褶，正面相對疊合車縫兩側，製作側邊，整理袋口。
2 將拉鍊縫至本體。
3 製作裡袋。
4 本體與裡袋正面相對疊合，預留返口後車縫袋口。翻回正面，製作穿入口金部分。
5 穿入口金框，開口以挑縫縫合。
6 拉鍊的頭尾兩端縫上拉鍊襠布。

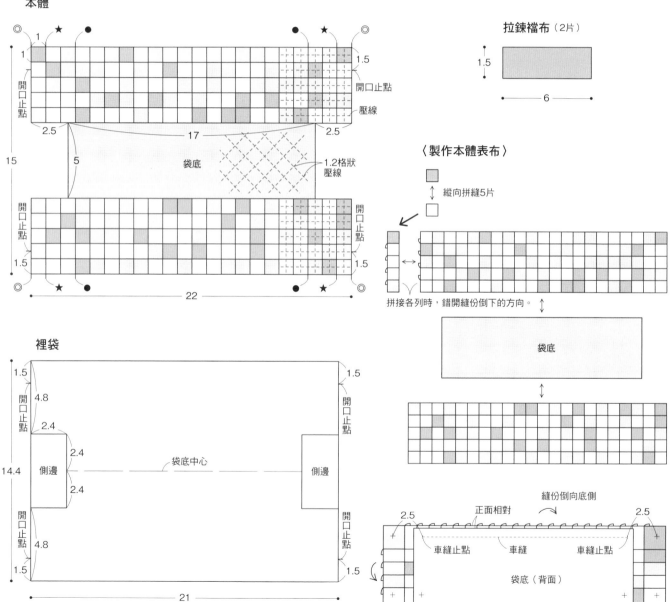

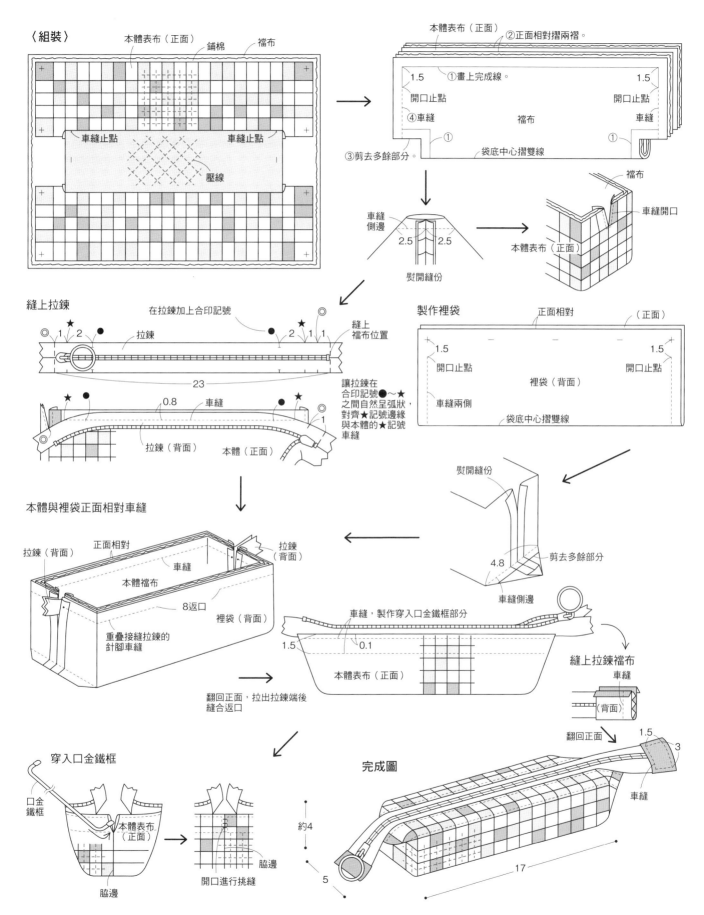

〈組裝〉

本體表布（正面）　鋪棉　襠布

車縫止點　　　車縫止點

壓線

本體表布（正面）　②正面相對摺兩褶。

1.5　①畫上完成線。　1.5
開口止點　　　　　　　開口止點
④車縫　　　襠布　　　車縫
③剪去多餘部分。　①　　袋底中心摺雙線　①

車縫側邊
2.5　2.5
熨開縫份

襠布
車縫開口
本體表布（正面）

縫上拉鍊

在拉鍊加上合印記號

縫上襠布位置

1 2 ★ ●　拉鍊　● ★ 2 1 1
23

讓拉鍊在合印記號●～★之間自然呈弧狀，對齊★記號邊緣與本體的★記號車縫

0.8　車縫
拉鍊（背面）　本體（正面）

製作裡袋

正面相對　　（正面）

1.5　　　　　　　　　1.5
開口止點　　　　　　開口止點
裡袋（背面）
車縫兩側
袋底中心摺雙線

熨開縫份

4.8　剪去多餘部分

車縫側邊

本體與裡袋正面相對車縫

拉鍊（背面）　正面相對　拉鍊（背面）
車縫
本體襠布
8返口
裡袋（背面）
重疊接縫拉鍊的針腳車縫

車縫，製作穿入口金鐵框部分
1.5　0.1
本體表布（正面）

縫上拉鍊襠布
車縫
（背面）
翻回正面
1.5　3
車縫

翻回正面，拉出拉鍊端後縫合返口

穿入口金鐵框

口金鐵框
本體表布（正面）
脇邊

脇邊　　開口進行挑縫

完成圖

約4

5　　　17

16 桶狀斜背包 ……⋯ p.032　紙型B面

[材料]
拼布用布…使用零碼布、裡布‧鋪棉各
60×30cm、滾邊（斜紋布條）…黑色先
染直條紋3.5×50cm、包邊用斜紋布條
2.5×60cm、寬0.5細繩兩種各10cm、直
徑0.3cm圓繩8cm、寬2.5cm布條150cm、
直徑2cm鈕釦1個、鋅鉤2個、日型環1
個、薄布襯適量

[作法]
1 拼接布片，製作前側A‧B、後側C‧
　D表布，各自重疊鋪棉與中央側多留縫
　份的裡布進行壓線。製作前側A‧B、
　後側C‧D。
2 前側A與B、後側C與D正面相對疊
　合，車縫中央側，以多留的裡布包覆
　縫份。

3 前側與後側正面相對疊合，夾入圓
　繩，除袋口外，車縫四周。
4 翻回正面，袋口進行滾邊。
5 鈕釦與圓繩縫固定於前側。
6 製作背帶，以鋅鉤掛在繩環上。

裁布圖　※中央側裡布多預留些縫份

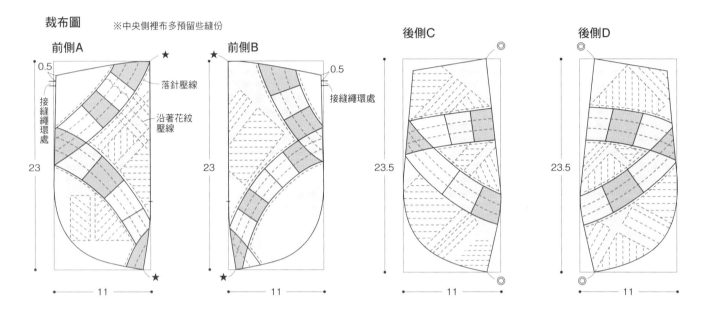

〈製作各配件〉

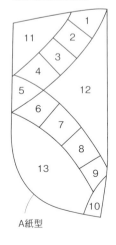

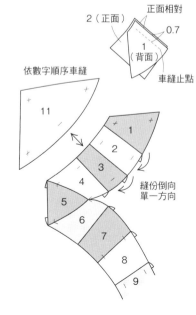

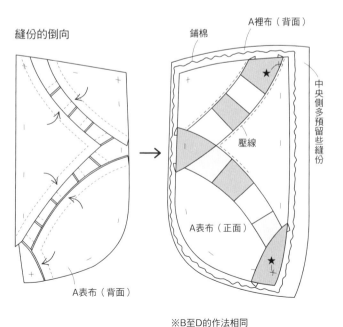

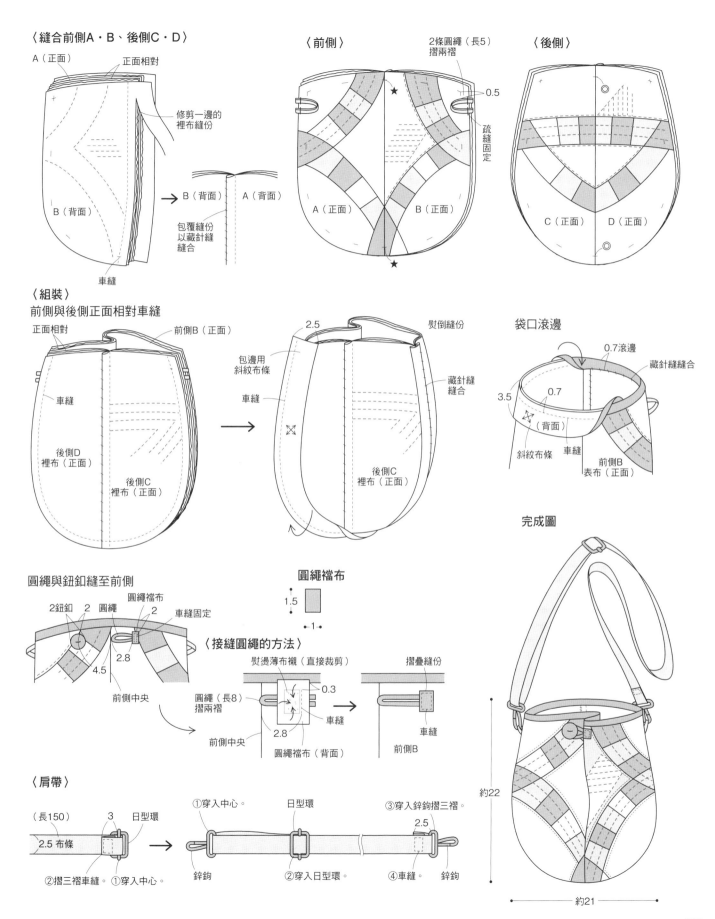

〈縫合前側A・B、後側C・D〉

A（正面）
正面相對
修剪一邊的裡布縫份
B（背面）
B（背面） A（背面）
包覆縫份以藏針縫縫合
車縫

〈前側〉
2條圓繩（長5）摺兩褶
0.5
疏縫固定
★
A（正面） B（正面）
★

〈後側〉
C（正面） D（正面）

〈組裝〉
前側與後側正面相對車縫

正面相對
前側B（正面）
車縫
後側D裡布（正面）
後側C裡布（正面）

2.5
熨倒縫份
包邊用斜紋布條
藏針縫縫合
車縫
後側C裡布（正面）

袋口滾邊
0.7滾邊
藏針縫縫合
3.5 0.7
（背面）
斜紋布條
車縫
前側B表布（正面）

完成圖
約22
約21

圓繩與鈕釦縫至前側
2鈕釦 2 圓繩 圓繩襠布 2 車縫固定
2.8
4.5
前側中央

圓繩襠布
1.5
←1→

〈接縫圓繩的方法〉
熨燙薄布襯（直接裁剪）
摺疊縫份
圓繩（長8）摺兩褶
0.3
車縫
車縫
前側中央 2.8 圓繩襠布（背面）
前側B

〈肩帶〉
（長150） 3 日型環
2.5 布條
②摺三褶車縫。①穿入中心。

①穿入中心。
日型環
③穿入鋅鉤摺三褶。
2.5
鋅鉤 ②穿入日型環。 ④車縫。 鋅鉤

花の屋保溫罩 ┈┄ p.034　1/2紙型　紙型B面

[材料]
底布…灰色系印花75×30cm、拼布用布
・貼布繡用布…使用零碼布（含吊環）、
裡布・鋪棉各75×35cm、25號繡線各色
適量、薄布襯適量

[作法]
1　在底布進行貼布繡與刺繡，拼縫屋頂
　與屋身，製作本體A表布。
2　本體A表布與裡布正面相對疊合，重疊
　鋪棉，預留返口後車縫。翻回正面，
　縫合返口，進行壓線。

3　依本體A的作法製作兩片本體B。
4　本體A與兩片本體B背面相對疊合進行
　藏針縫及邊緣車縫。
5　製作吊環，摺兩褶以藏針縫固定於屋
　頂尖。

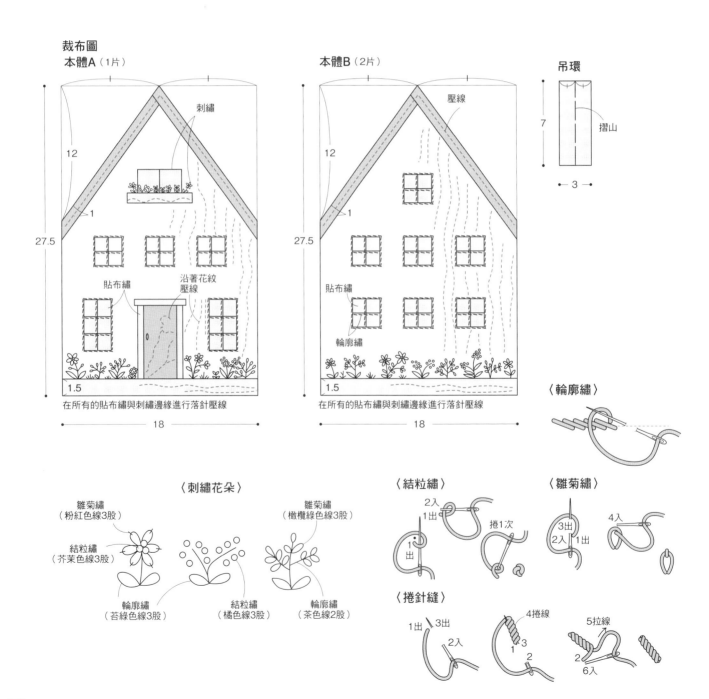

〈組裝〉

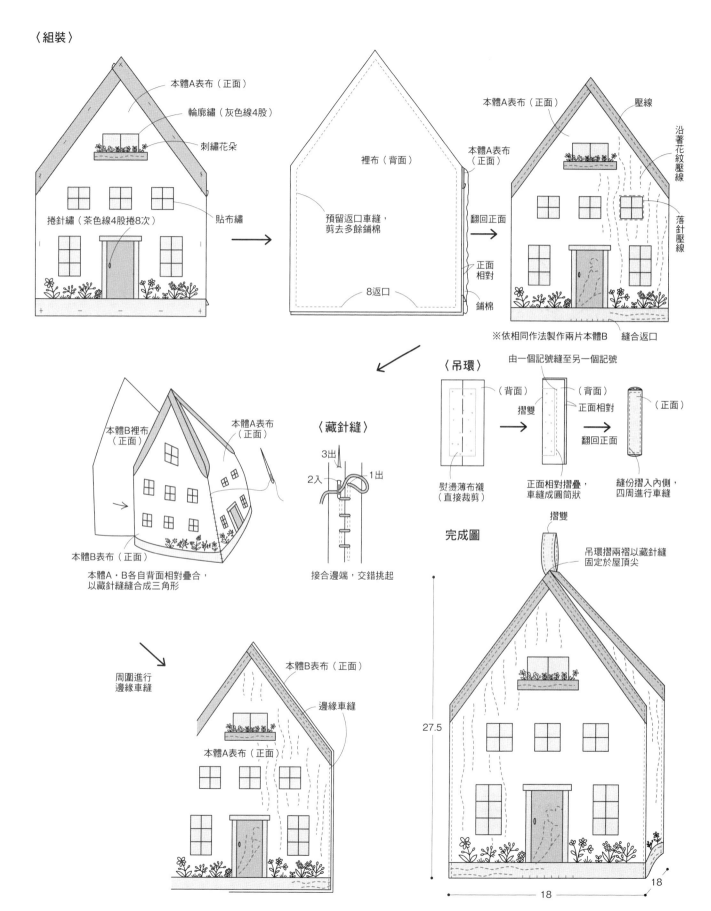

本體A表布（正面）

輪廓繡（灰色線4股）

刺繡花朵

捲針繡（茶色線4股捲8次）

貼布繡

裡布（背面）

預留返口車縫，
剪去多餘鋪棉

8返口

本體A表布（正面）

本體A表布（正面）

翻回正面

正面相對

鋪棉

本體A表布（正面）

壓線

沿著花紋壓線

落針壓線

※依相同作法製作兩片本體B　縫合返口

本體B裡布（正面）

本體A表布（正面）

本體B表布（正面）

本體A・B各自背面相對疊合，
以藏針縫縫合成三角形

〈藏針縫〉

3出

2入　　1出

接合邊端，交錯挑起

〈吊環〉

由一個記號縫至另一個記號

（背面）

摺雙

（背面）

正面相對

（正面）

翻回正面

熨燙薄布襯
（直接裁剪）

正面相對摺疊，
車縫成圓筒狀

縫份摺入內側，
四周進行車縫

完成圖

摺雙

吊環摺兩褶以藏針縫
固定於屋頂尖

周圍進行
邊緣車縫

本體B表布（正面）

邊緣車縫

本體A表布（正面）

27.5

18

18

18·19 房屋造型杯墊1&2 ········· p.034　1/2紙型　紙型B面

[材料] ＊一款的用量
底布・拼布・貼布繡用布…使用零碼布、
裡布・薄鋪棉各45×35cm、25號繡線各
色適量

[作法] ＊兩款作法相同

1 在底布進行貼布繡與刺繡，拼縫屋頂
　與屋身，製作表布。
2 表布與裡布正面相對疊合，重疊鋪
　棉，預留返口，車縫四周。No.18的
　裡布為對稱裁剪。

3 翻回正面，縫合返口，進行壓線。

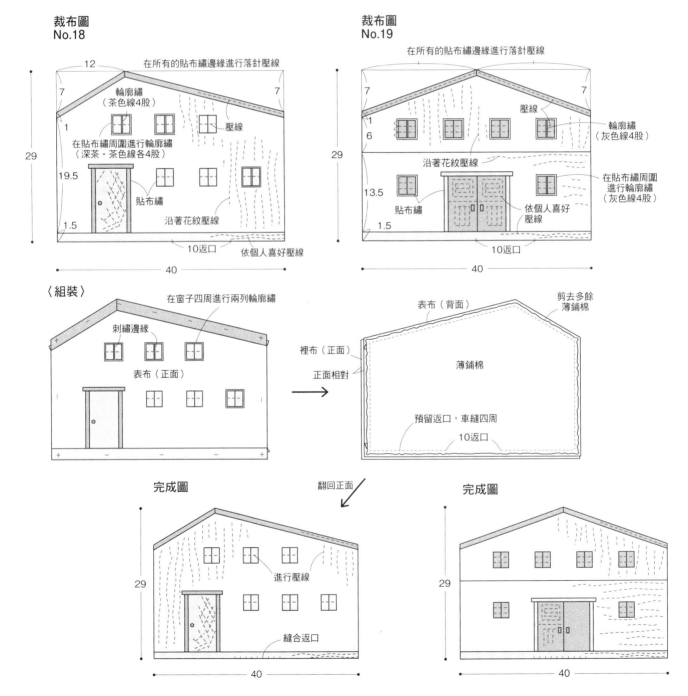

20 街景圖案餐桌布 .... p.034　縮小紙型　紙型B面

[材料]

底布…灰色先染格紋110×110cm、貼布
繡用布…使用包含先染的灰色系零碼布、
滾邊…先染3.5×470cm、25號繡線灰色
適量

[作法]

1 在底布進行貼布繡與刺繡。

2 在房子貼布繡的四周進行車縫。

3 四周進行滾邊。

裁布圖

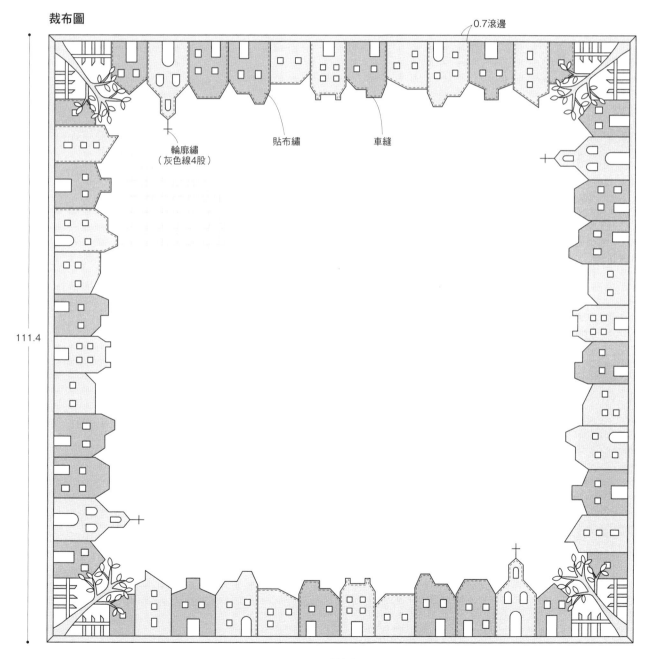

0.7滾邊

輪廓繡
（灰色線4股）

貼布繡

車縫

111.4

111.4

[材料] ＊一款的份量

拼布・貼布繡用布…使用零碼布（含袋底・耳絆）、裡布・鋪棉各50×40cm、包繩…芯用圓繩直徑0.3×70cm・先染（斜紋布條）2.5×70cm、包邊用斜紋布條2.5×70cm、厚布襯13×20cm、薄布襯適量

[作法] ＊作品21通用

1 參考圖示拼接布片，製作前側・後側與兩片側面表布，與盒底縫合，作成本體表布，重疊鋪棉與裡布進行壓線。

2 重新丈量本體盒底的尺寸，內底縫至盒底的內側。

3 脇邊在四個地方正面相對車縫，整理縫份。

4 包繩如圖示縫合固定於盒口，縫份以斜紋布條包覆。

5 製作耳絆，縫合固定於前側。

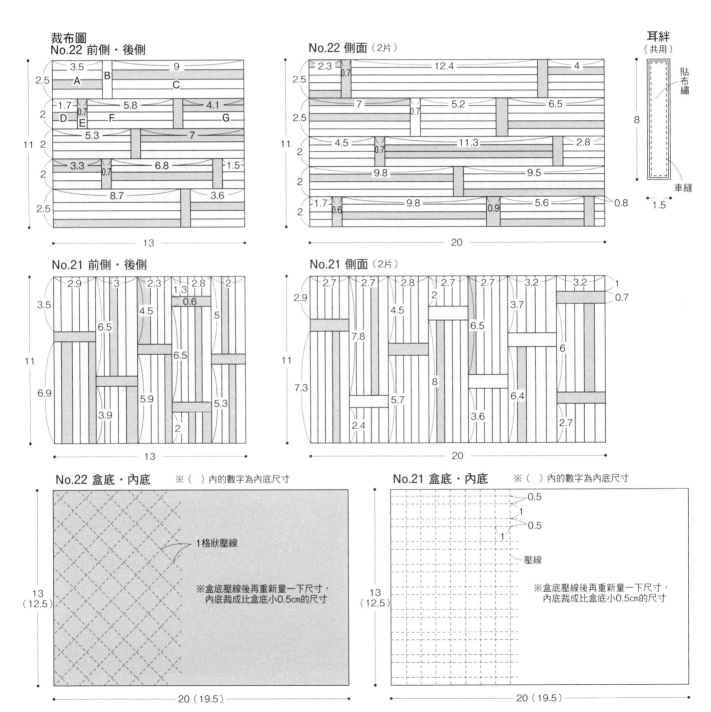

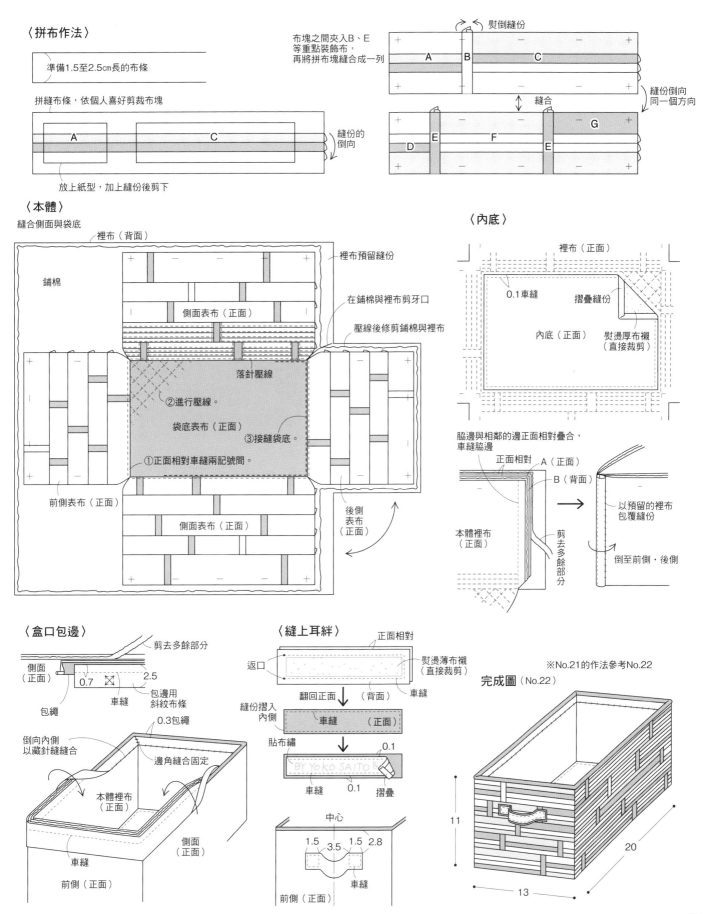

〈拼布作法〉

準備1.5至2.5cm長的布條

拼縫布條，依個人喜好剪裁布塊

A　　　C

放上紙型，加上縫份後剪下

縫份的倒向

布塊之間夾入B、E等重點裝飾布，再將拼布塊縫合成一列

熨倒縫份

A　B　　C

縫合

D　E　　F　　E　　G

縫份倒向同一個方向

〈本體〉

縫合側面與袋底

裡布（背面）

鋪棉

裡布預留縫份

側面表布（正面）

在鋪棉與裡布剪牙口

壓線後修剪鋪棉與裡布

落針壓線

②進行壓線。

袋底表布（正面）

③接縫袋底。

①正面相對車縫兩記號間。

前側表布（正面）

側面表布（正面）

後側表布（正面）

〈內底〉

裡布（正面）

0.1車縫

摺疊縫份

內底（正面）

熨燙厚布襯（直接裁剪）

脇邊與相鄰的邊正面相對疊合，車縫脇邊

正面相對　A（正面）

B（背面）

以預留的裡布包覆縫份

本體裡布（正面）

剪去多餘部分

倒至前側・後側

〈盒口包邊〉

剪去多餘部分

側面（正面）

0.7　　2.5

車縫

包繩

包邊用斜紋布條

0.3包繩

倒向內側以藏針縫縫合

邊角縫合固定

本體裡布（正面）

車縫

側面（正面）

前側（正面）

〈縫上耳絆〉

正面相對

返口

熨燙薄布襯（直接裁剪）

車縫

翻回正面

（背面）

縫份摺入內側

車縫　　（正面）

貼布繡

0.1

BY YOKO SAITO

車縫　0.1　摺疊

中心

1.5　3.5　1.5　2.8

車縫

前側（正面）

※No.21的作法參考No.22

完成圖（No.22）

11

20

13

101

23 剪刀袋 ·····➔ p.038　紙型B面

[材料]

底布…茶色格紋法蘭絨（含上側邊・下側邊）50×50cm、貼布繡用布…使用零碼布（含耳絆）、裡布・鋪棉各50×50cm、厚布襯30×15cm、包邊用斜紋布條2.5×130cm、寬1.5cm布條兩種各40cm、20cm拉鍊1條、25號繡線各色適量、薄布襯適量

[作法]

1 在底布進行貼布繡與刺繡，製作A・B表布，再各自重疊鋪棉與裡布進行壓線。正面相對縫合，整理縫份，製作前側。

2 依相同作法製作後側。

3 將拉鍊縫至上側邊。

4 上側邊與下側邊正面相對縫合成輪狀，進行壓線。

5 製作2片提把，疏縫固定於前側・後側。

6 前側・後側與上側邊・下側邊正面相對疊合，車縫四周，以斜紋布條整理縫份。

裁布圖

※刺繡除了指定處之外，全部進行輪廓繡　●前側・後側中央側的縫份多餘部分需裁掉

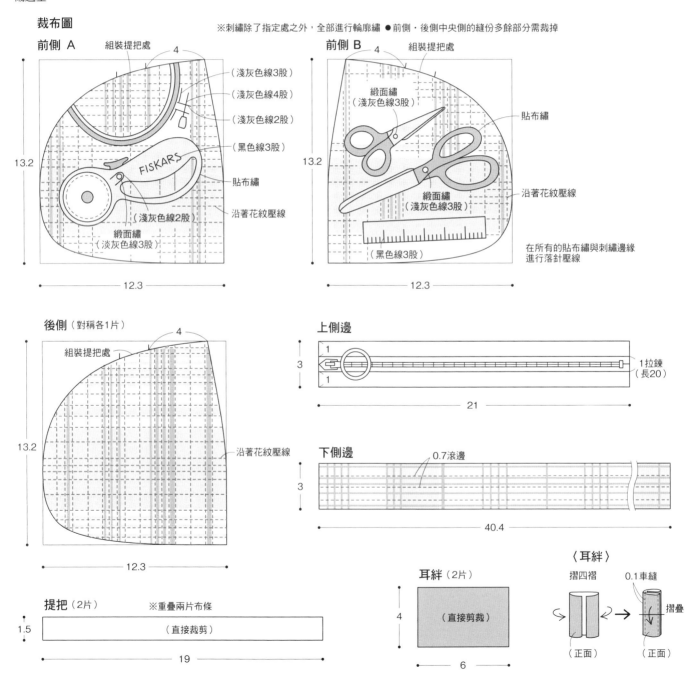

前側 A

組裝提把處
4
（淺灰色線3股）
（淺灰色線4股）
（淺灰色線2股）
（黑色線3股）
FISKARS
貼布繡
（淺灰色線2股）
沿著花紋壓線
緞面繡（淡灰色線3股）
13.2
12.3

前側 B

4　組裝提把處
緞面繡（淺灰色線3股）
貼布繡
沿著花紋壓線
緞面繡（淺灰色線3股）
（黑色線3股）
在所有的貼布繡與刺繡邊緣進行落針壓線
13.2
12.3

後側（對稱各1片）

4
組裝提把處
沿著花紋壓線
13.2
12.3

上側邊

1
3
1
1拉鍊（長20）
21

下側邊

0.7滾邊
3
40.4

提把（2片）　※重疊兩片布條

1.5
（直接裁剪）
19

耳絆（2片）

4
（直接剪裁）
6

〈耳絆〉

摺四褶
0.1車縫
摺疊
（正面）
（正面）

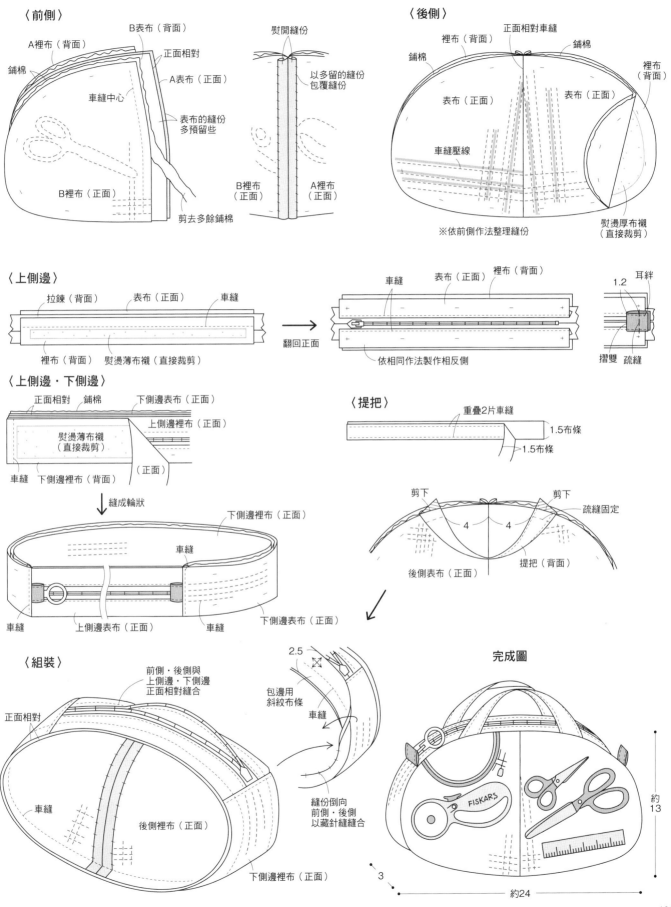

〈前側〉

A裡布（背面）
鋪棉
B表布（背面）
正面相對
A表布（正面）
車縫中心
表布的縫份多預留些
B裡布（正面）
剪去多餘鋪棉

熨開縫份
以多留的縫份包覆縫份
B裡布（正面）
A裡布（正面）

〈後側〉

裡布（背面）
正面相對車縫
鋪棉
鋪棉
裡布（背面）
表布（正面）
表布（正面）
車縫壓線
熨燙厚布襯（直接裁剪）

※依前側作法整理縫份

〈上側邊〉

拉鍊（背面）
表布（正面）
車縫
裡布（背面）
熨燙薄布襯（直接裁剪）

翻回正面

車縫
表布（正面）
裡布（背面）
依相同作法製作相反側

耳絆
1.2
摺雙
疏縫

〈上側邊・下側邊〉

正面相對
鋪棉
下側邊表布（正面）
上側邊裡布（正面）
熨燙薄布襯（直接裁剪）
（正面）
車縫
下側邊裡布（背面）

縫成輪狀

下側邊裡布（正面）
車縫
車縫
上側邊表布（正面）
車縫
下側邊表布（正面）

〈提把〉

重疊2片車縫
1.5布條
1.5布條

剪下
4　4
疏縫固定
剪下
後側表布（正面）
提把（背面）

〈組裝〉

前側・後側與上側邊・下側邊正面相對縫合
正面相對
車縫
後側裡布（正面）
下側邊裡布（正面）

2.5
包邊用斜紋布條
車縫
縫份倒向前側・後側以藏針縫縫合

完成圖

FISKARS

約13
3
約24

103

24 口金縫紉箱 ········ p.038 紙型B面

[材料]

拼布‧貼布繡用布…使用零碼布、裡布（含袋底內側‧袋蓋內側‧內口袋A‧B‧C‧D）110×25cm、鋪棉40×30cm、厚布襯20×15cm、口金寬15×7cm1個、串珠1個、直徑0.1圓繩10cm、25號繡線各色適量

[作法]

1 進行拼布、貼布繡與刺繡，製作本體表布。與裡布正面相對疊合，重疊鋪棉，預留返口，車縫四周。翻回正面進行壓線。

2 依本體的作法製作側面。

3 製作各內口袋，內口袋 A‧C以藏針縫固定於側面裡布。

4 參考圖示，將縫上內口袋D的袋蓋內側黏貼至本體裡側，下方車縫固定。以藏針縫固定內口袋B與盒底內側。

5 對齊本體與側面，以藏針縫縫合。

6 組裝口金。

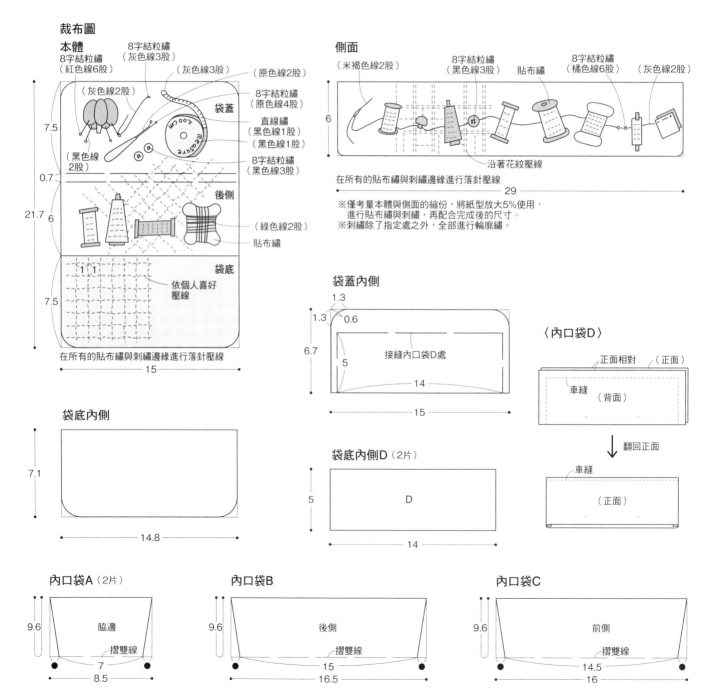

裁布圖

本體
8字結粒繡（紅色線6股）
8字結粒繡（灰色線3股）
（灰色線3股）
（灰色線2股）
（原色線2股）
8字結粒繡（原色線4股）
袋蓋
直線繡（黑色線1股）
（黑色線1股）
8字結粒繡（黑色線3股）
（黑色線2股）
後側
（綠色線2股）
貼布繡
袋底
依個人喜好壓線
在所有的貼布繡與刺繡邊緣進行落針壓線
7.5 0.7 21.7 6 7.5 11 15

側面
（米褐色線2股）
8字結粒繡（黑色線3股）
貼布繡
8字結粒繡（橘色線6股）
（灰色線2股）
沿著花紋壓線
6 在所有的貼布繡與刺繡邊緣進行落針壓線 29

※僅考量本體與側面的縮份，將紙型放大5%使用，進行貼布繡與刺繡，再配合完成後的尺寸。
※刺繡除了指定處之外，全部進行輪廓繡。

袋蓋內側
1.3 1.3 0.6 6.7 5 接縫內口袋D處 14 15

袋底內側
7.1 14.8

袋底內側D（2片）
5 D 14

〈內口袋D〉
正面相對 （正面）
車縫 （背面）
↓ 翻回正面
車縫 （正面）

內口袋A（2片）
9.6 脇邊 摺雙線 7 8.5

內口袋B
9.6 後側 摺雙線 15 16.5

內口袋C
9.6 前側 摺雙線 14.5 16

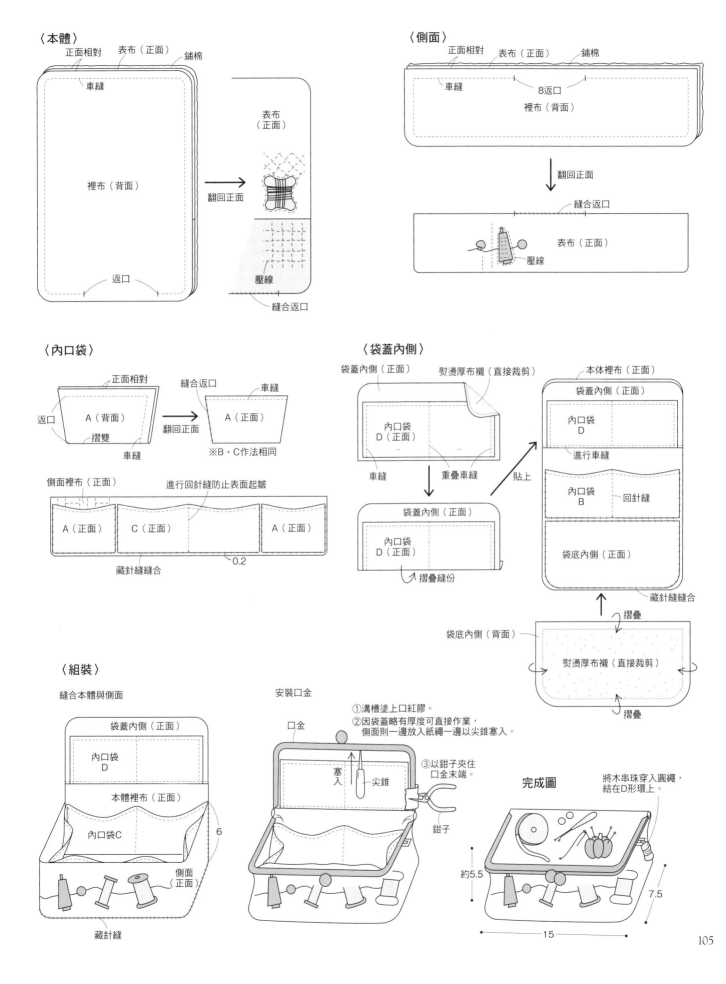

〈本體〉

正面相對　表布（正面）　鋪棉

車縫

裡布（背面）

返口

翻回正面

表布（正面）

壓線

縫合返口

〈側面〉

正面相對　表布（正面）　鋪棉

車縫　　8返口

裡布（背面）

翻回正面

縫合返口

表布（正面）

壓線

〈內口袋〉

正面相對　　縫合返口　　車縫

返口　A（背面）

摺雙　　翻回正面

車縫

A（正面）

※B‧C作法相同

側面裡布（正面）　　進行回針縫防止表面起皺

A（正面）　C（正面）　A（正面）

藏針縫縫合　　0.2

〈袋蓋內側〉

袋蓋內側（正面）　熨燙厚布襯（直接裁剪）

內口袋
D（正面）

車縫　　重疊車縫　　貼上

袋蓋內側（正面）

內口袋
D（正面）

摺疊縫份

本体裡布（正面）

袋蓋內側（正面）

內口袋
D

進行車縫

內口袋
B　　回針縫

袋底內側（正面）

藏針縫縫合

摺疊

袋底內側（背面）

熨燙厚布襯（直接裁剪）

摺疊

〈組裝〉

縫合本體與側面

袋蓋內側（正面）

內口袋
D

本體裡布（正面）

內口袋C

側面
（正面）

6

藏針縫

安裝口金

口金

塞入

尖錐

①溝槽塗上口紅膠。
②因袋蓋略有厚度可直接作業，
側面則一邊放入紙繩一邊以尖錐塞入。

③以鉗子夾住
口金末端。

鉗子

完成圖

將木串珠穿入圓繩，
結在D形環上。

約5.5

7.5

15

[材料]

拼布用布…米褐先染直條紋110×170cm
·使用零碼布、裡布·鋪棉各110×270
cm、滾邊（斜紋布條）…灰色格紋法蘭絨
3.5×510cm

[作法]

1 進行拼縫，製作9片A圖案、16片B圖
 案，各自準備C、C'、D布。

2 參考裁布圖，縫合各圖案，作成表
 布。

3 表布重疊鋪棉與裡布進行壓線。

4 在3的四周滾邊。

裁布圖

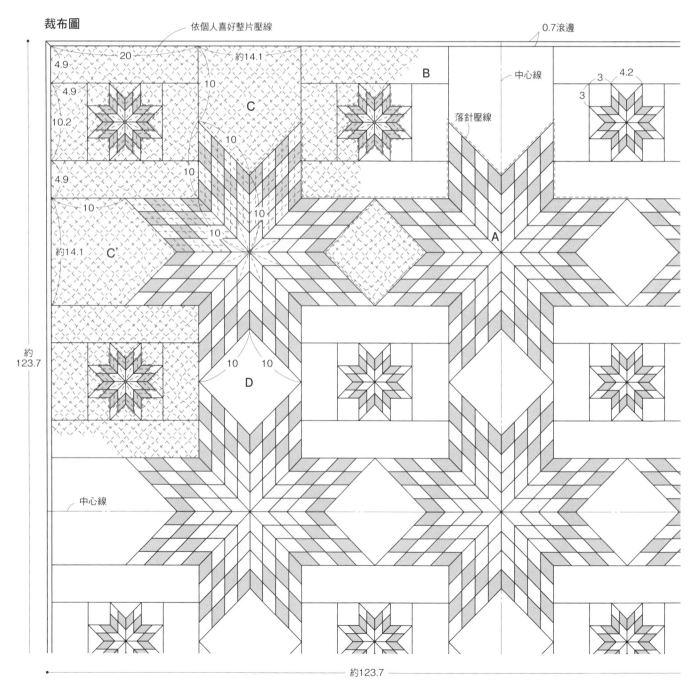

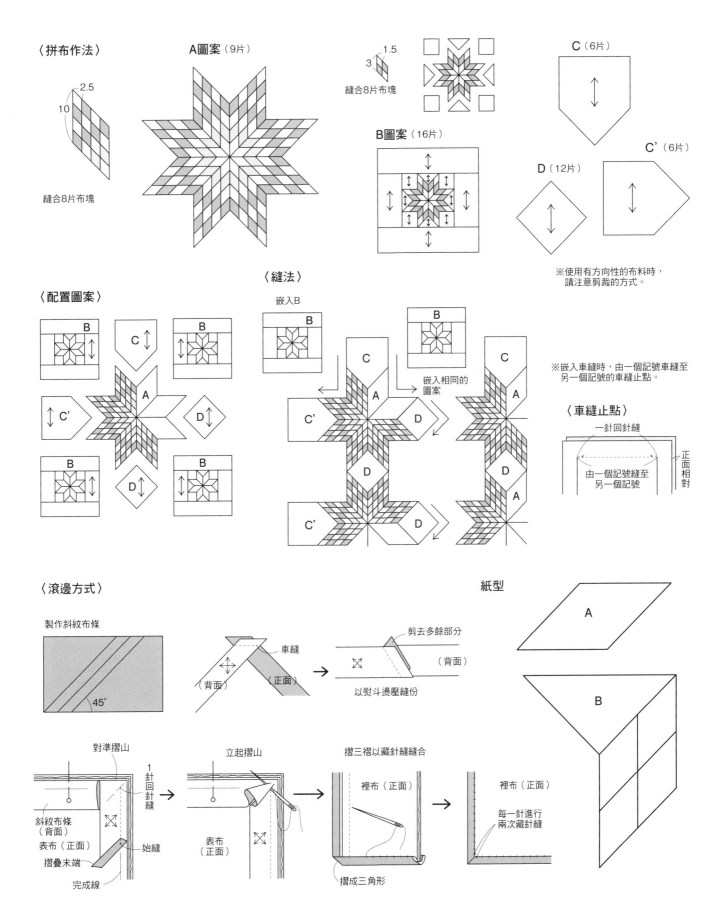

〈拼布作法〉

A圖案（9片）

縫合8片布塊

2.5
10

B圖案（16片）

1.5
3
縫合8片布塊

C（6片）

C'（6片）

D（12片）

※使用有方向性的布料時，
請注意剪裁的方式。

〈配置圖案〉

〈縫法〉

嵌入B

嵌入相同的圖案

※嵌入車縫時，由一個記號車縫至
另一個記號的車縫止點。

〈車縫止點〉

一針回針縫

由一個記號縫至
另一個記號

正面相對

〈滾邊方式〉

製作斜紋布條

45°

車縫

（背面）

（正面）

剪去多餘部分

（背面）

以熨斗燙壓縫份

紙型

A

B

對準摺山

立起摺山

摺三褶以藏針縫縫合

1針回針縫

斜紋布條
（背面）

表布（正面）

摺疊末端

完成線

始縫

表布
（正面）

裡布（正面）

摺成三角形

裡布（正面）

每一針進行
兩次藏針縫

107

花&提籃拼布被 ……… p.040　1/2紙型　紙型B面

[材料]
底布…淺灰印花110×110㎝、貼布
繡用布…使用零碼布、裡布・鋪棉各
110×110㎝、滾邊（斜紋布條）…米褐
先染格紋3.5×450㎝、25號繡線各色・
立體素壓用線・棉花各適量

[作法]
1 在底布進行貼布繡與刺繡，製作表
布。
2 表布重疊鋪棉與裡布，進行壓線。
3 在2的周圍滾邊。

4 在滾邊的邊緣刺繡。
5 從背面進行立體素壓。

裁布圖

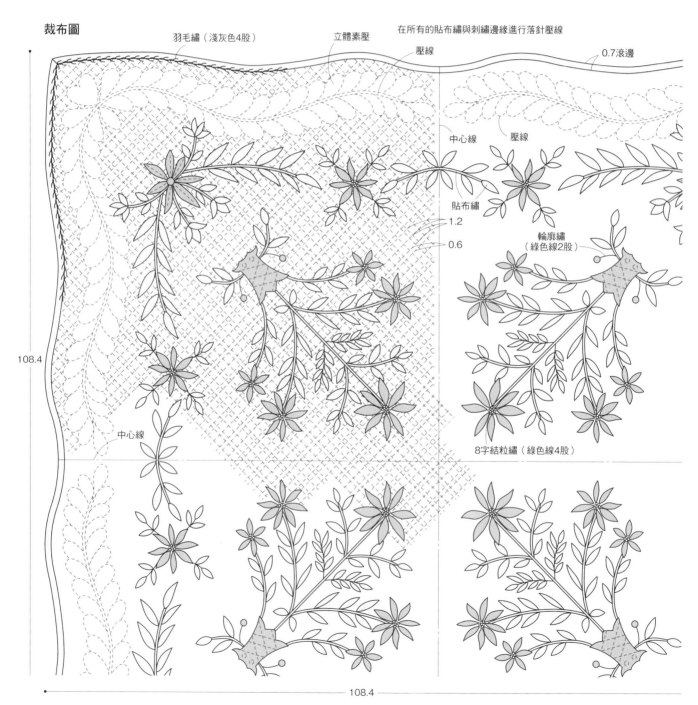

羽毛繡（淺灰色4股）
立體素壓
在所有的貼布繡與刺繡邊緣進行落針壓線
壓線
0.7滾邊
中心線　壓線
貼布繡
1.2
0.6
輪廓繡（綠色線2股）
108.4
中心線
8字結粒繡（綠色線4股）

28 百花迎風搖曳 ┄┄┄ p.044 1/2紙型 紙型B面

[材料]
拼布·貼布繡用布…使用零碼布、邊條用
布…印花兩種各80×140cm、裡布·鋪棉
各110×300cm、滾邊（斜紋布條）…先
染格紋3.5×535cm、25號繡線各色適量

[作法]
1 在底布進行貼布繡與刺繡，製作表
　布。
2 表布重疊鋪棉與裡布，進行壓線。
3 在 **2** 的周圍滾邊。

裁布圖

137.4

125.4

圖案 ※請放大222%，刺繡顏色依個人喜好

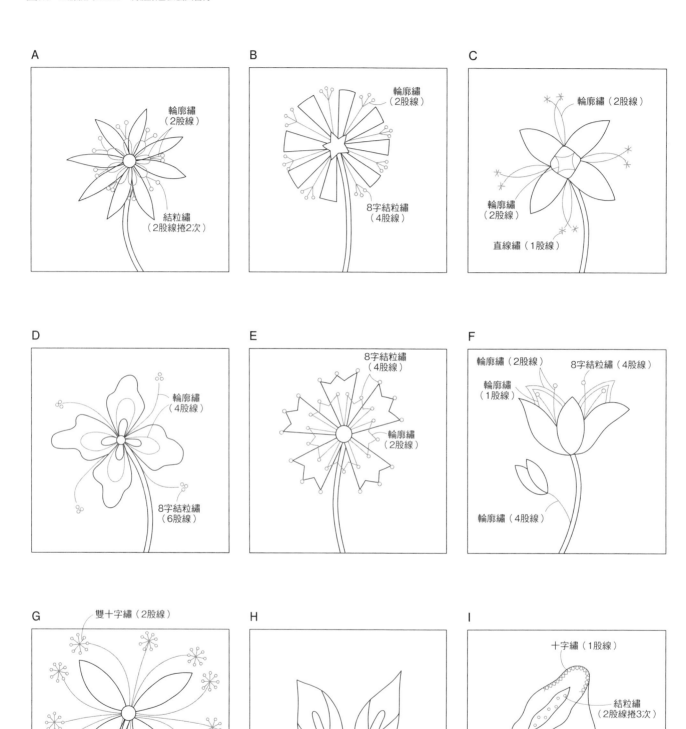

A
輪廓繡（2股線）
結粒繡（2股線捲2次）

B
輪廓繡（2股線）
8字結粒繡（4股線）

C
輪廓繡（2股線）
輪廓繡（2股線）
直線繡（1股線）

D
輪廓繡（4股線）
8字結粒繡（6股線）

E
8字結粒繡（4股線）
輪廓繡（2股線）

F
輪廓繡（2股線）
8字結粒繡（4股線）
輪廓繡（1股線）
輪廓繡（4股線）

G
雙十字繡（2股線）
千鳥繡（2股線）
8字結粒繡（4股線）

H

I
十字繡（1股線）
結粒繡（2股線捲3次）

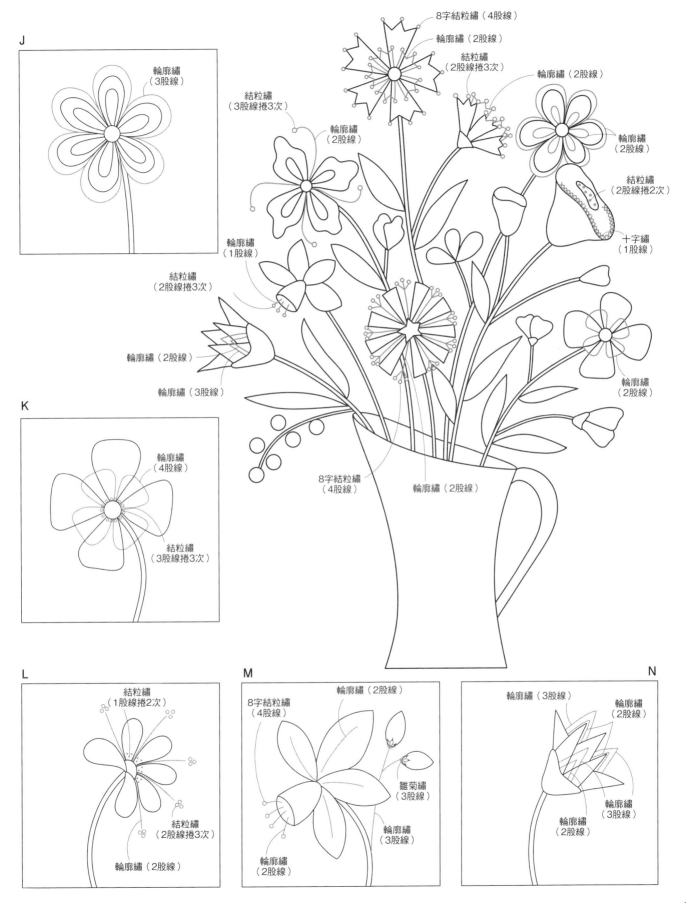

J

輪廓繡
（3股線）

8字結粒繡（4股線）

輪廓繡（2股線）

結粒繡
（2股線捲3次）

輪廓繡（2股線）

結粒繡
（3股線捲3次）

輪廓繡
（2股線）

輪廓繡
（2股線）

結粒繡
（2股線捲2次）

十字繡
（1股線）

輪廓繡
（1股線）

結粒繡
（2股線捲3次）

輪廓繡（2股線）

輪廓繡（3股線）

輪廓繡
（2股線）

K

輪廓繡
（4股線）

結粒繡
（3股線捲3次）

8字結粒繡
（4股線）

輪廓繡（2股線）

L

結粒繡
（1股線捲2次）

結粒繡
（2股線捲3次）

輪廓繡（2股線）

M

8字結粒繡
（4股線）

輪廓繡（2股線）

雛菊繡
（3股線）

輪廓繡
（3股線）

輪廓繡
（2股線）

N

輪廓繡（3股線）

輪廓繡
（2股線）

輪廓繡
（3股線）

輪廓繡
（2股線）

PATCHWORK 拼布美學 20

斉藤謠子の拼布
職人愛藏！
20th 世紀典藏精選布作 Collection.28

作　　　　者／	斉藤謠子
譯　　　　者／	瞿中蓮
發　行　人／	詹慶和
總　編　輯／	蔡麗玲
執　行　編　輯／	黃璟安
編　　　　輯／	蔡毓玲・劉蕙寧・陳姿伶・白宜平・李佳穎
執　行　美　編／	李盈儀
美　術　編　輯／	陳麗娜・周盈汝・翟秀美
內　頁　排　版／	造極
出　版　者／	雅書堂文化事業有限公司
發　行　者／	雅書堂文化事業有限公司
郵政劃撥帳號／	18225950
戶　　　　名／	雅書堂文化事業有限公司
地　　　　址／	新北市板橋區板新路 206 號 3 樓
電　　　　話／	(02)8952-4078
傳　　　　真／	(02)8952-4084
網　　　　址／	www.elegantbooks.com.tw
電　子　信　箱／	elegant.books@msa.hinet.net

SAITO YOKO OKINIIRI NO NUNO DE TSUKURU QUILT(NV70254)
Copyright© YOKO SAITO ／ NIHON VOGUE-SHA 2014
Photographer:Hiroaki Ishii, Kana Watanabe
Original Japanese edition published in Japan by Nihon Vogue Co., Ltd.
Traditional Chinese translation rights arranged with Nihon Vogue Co., Ltd.
through Keio Cultural Enterprise Co., Ltd.
Traditional Chinese edition copyright © 2015 by Elegant Books Cultural
Enterprise Co., Ltd.

總經銷／朝日文化事業有限公司
進退貨地址／新北市中和區橋安街 15 巷 1 號 7 樓
電話／ (02) 2249-7714　　傳真／ (02) 2249-8715

2015 年 05 月初版一刷　定價 480 元

斉藤謠子 Yoko Saito

拼布作家。重視色調配色及用心製作作品，不只在日本，海外也擁有眾多粉絲。活躍於電視與雜誌等領域。於千葉縣市川市經營拼布商店＆教室「キルトパーティ」(Quilt Party)。擔任日本ヴォーグ拼布塾、NHK文化中心講師等。著作甚豐，包括《斉藤謠子のトラディショナルパターンレッスン》、《斉藤謠子の毎日使いたい大人のバッグ》等，部分繁體中文版著作由雅書堂文化出版。

Quilt Party(拼布教室＆店鋪)
http://www.quilt.co.jp
http://shop.quilt.co.jp

作品製作／
山田数子・吉田睦美・菊地 祐・住谷惠子・竹中幸子
素材提供／株式会社ルシアン http://www.lecien.co.jp

STAFF
攝影／石井宏明・渡辺華奈(作法)
版型製作／井上輝美
美術設計／竹盛若菜
繪圖／株式会社ウエイド(ウエイド手芸制作部)
編輯協力／鈴木さかえ・吉田晶子
執行編輯／キルトジャパン編輯部

國家圖書館出版品預行編目資料

斉藤謠子の拼布：職人愛藏！20 週年世紀典藏
精選布作 Collection.28 / 斉藤謠子著；瞿中蓮
譯 .-- 初版 .-- 新北市：雅書堂文化，2015.05
　面；　公分 .-- (拼布美學；20)
ISBN 978-986-302-237-4(平裝)

1. 拼布藝術 2. 手工藝

426.7　　　　　　　　　　　　　　104003790

寄回函，抽斉藤謠子 ——
世紀典藏經典布組

即日起至104年7月31日止將書內回函填寫完整寄至
「斉藤謠子世紀典藏經典布組抽獎活動小組」
220新北市板橋區板新路206號3樓。（以郵戳為憑）

將於2015/8/15抽出15名幸運得主，可獲得由臺灣喜佳公司所提供
的「**斉藤謠子 —— 世紀典藏經典布組**（18色，各半尺）」乙組。
（**市價**1710元）

中獎後，如因資料不齊全或是填寫錯誤，而導致獎品無法送達，視同放棄
中獎。以下有之欄位請務必確實填寫，填寫不全者，將不具抽獎資格。

個人資料

姓　名：

（請務必確實填寫您的中文姓名）

性　別：□男　□女

學　歷：□高中以下□高中/高職□專科/大學□碩士□博士

生　日：　　　年　　　月　　　日

電　話：

手　機：

地　址：

Email：

（請注意：請務必確實填寫個人資料，如填寫不全或資料錯誤，無法通知領獎，視同放棄資格。）

□　我同意提供上述個人資料予雅書堂文化事業進行**斉藤謠子世紀典藏經典布組**抽獎活動
　　之使用，並瞭解個人資料僅使用於上述相關用途上，且雅書堂文化事業將依「個人資料
　　保護法」確保我的個人資料於該單位業務使用，不隨意外洩。

※雅書堂文化有修改活動辦法之權　　　※贈品寄送地址僅限台灣本島

 回 函 卡

1.您是在何處購買本書？

□網站□超商□展場□連鎖書店□量販店□傳統書店□其他

2.您購買本書的主要原因是？(可複選)

□工作需求□個人喜好□主題吸引人□作品吸引人□封面吸引人
□偏好此出版社□喜歡作者□偏好此類書籍□版面設計□攝影風格

3.您覺得本書的優點？(最多選三個)

□內容實用□喜歡作者風格□印刷精美□紙張□封面設計□價格
□作品款式設計□其他

4.您覺得本書的缺點？(最多選三個)

□內容□印刷□封面設計□紙張□內頁設計□攝影□價格
□作品款式設計□其他

5.您對本書的感想與建議

6.您常逛哪些手作部落格網站？

7.您希望雅書堂出版哪一類手作書？

8.請推薦三位您認為適合出版手作書作者？

9.是否願意收到本出版社相關訊息？□同意□不同意

感謝您的填寫！

斉藤謠子の LOVE 拼布旅行

最愛北歐！
夢之風景×自然系雜貨風の職人愛藏拼布‧27

本書遠赴北歐取景，書中的攝影皆為當地實景拍攝，搭配斉藤老師如夢似幻的作品，完美地呈現出拼布人最憧憬的手作夢奇地。內附兩大張紙型、詳細作法講解及各款作品教學，斉藤老師也將其獨門的配色撇步完整呈現，並在內頁與讀者分享她在北歐的所見所聞，還有斉藤老師大力推薦的好評飯店介紹喲！適合喜歡北歐風格拼布的您，絕對不可錯過！

斉藤謠子◎著
平裝／彩色＋單色，112頁
定價 480 元